養生健絡功

遠離痛症

自序

時日如飛，自二〇一七年十一月二十日出版第一本書《健樂．人生——「養生健絡功」26式全紀錄》後，不經不覺已是兩年的光景，感謝大眾的欣賞及支持，令到銷售成績十分理想。第一本書面世後，有很多朋友都問我同一個問題：你的第二部書何時面世？我的心裡笑想著：沒有那麼快吧！他們的提問也讓我好好想一想：還有甚麼題材值得分享？

如是者，這兩年間，每日不斷地遊走不同的地方，繼續上課下課，經常遇到有著不同健康問題的朋友，努力了解他們的故事和心態，深切感受他們的困擾，以及身心上所承受的痛楚，心想：相信社會上也有不少人遇到同樣的問題。因此，今年初終於再次執筆，內容不但解答這些朋友的問題，而且想向大眾說明這些病患痛楚的成因，從而喚醒各位多多關注自己的身體。

開始計劃內容的時候，光是定題都有一定困難，因為每日遇到的健康問題實在太多，總不能全部都寫進書內。究竟談痛症好，或針對某種健康問題，還是關於都市病的？最後，從詢問我的學生的交流當中得到一些啟示，發現原來大家都遇到同一問題：就是身體上不同部位的繃緊與痛楚，而引起身體不適，甚至影響日常生活，例如不能如常活動或失眠等等。主題方面終於有了眉目，也是第二部書的工作正式開始之時。這一部書當中內容會更仔細講解，大家平日不知不覺間疏忽了身體真正的需要，又或小覷日常的生活習慣，怎樣影響到健康，也會跟大家分享一些真實個案。

其實我們的身體每日都會發出一些訊息或警號，但忙碌的生活環境下，大家忙於處理大量的資訊，因而忽略關注健康。究竟我們應該如何聆聽身體的內在需要？如何跟它交流？如何留意身體的變化？這正是今次著作的主要內容，除了喚醒各位別再做「不知不覺」的人之外，更要讓大家成為「先知先覺」的人，明白我們怎樣對待自己，身體就會怎樣回應我們，而在這個自我溝通的過程當中，所接收到的回應入面正正是傳達自身健康問題，能夠及早針對問題作出修正，健康就得以改善。

快樂與否其實是可以選擇的，每個人都可以擁有一個健康快樂的人生，若然沒有深入留意身體的變化，便無意間為自己帶來了許多不必要的痛楚、擔心和憂慮。今次十分希望藉著這本書，跟大家一齊分享，讓大家都能把這些煩惱變成動力，以此喚醒自己的身體、以至心靈，從內而外的調節以減少痛楚，帶來健康，讓大家無論多少歲都可以活到輕鬆自在！

Mona老師

二〇一九秋

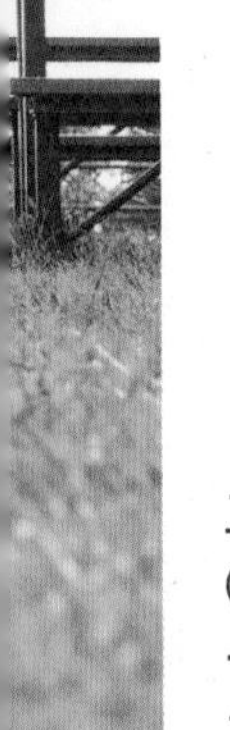

序

兩年前某一天，我家長輩不停對著電腦開始做運動，好奇心驅使下偷看了一下，原來是她們在學Mona老師的「養生健絡功」。不少長輩都跟我說，跟她做運動後，病痛都少很多。

有一次出席公開活動後，認識了Mona老師之後，發覺她對自我身體修復甚有心得。

中醫認為：「不通則痛，通則不痛」。

身體出現痛症，一定有經絡不通不順的地方。通過Mona老師的養生健絡功，令體內氣血循環，強化身體機能，特別對中年甚至老年人的健康也甚有幫助。

今次有幸參與Mona老師的新書《養生健絡功——遠離痛症》的編輯顧問工作，希望藉這書能讓更多人重拾健康，迎接人生新一篇。

馬琦傑

香港註冊中醫師

序

認識Mona老師是從網上片段開始，印象中的Mona充滿活力與熱誠，在公園中指導眾多追隨她的病患市民，針對每人身體狀況，指導各人做各種合宜運動，那些運動方法都顯淺易學。

Mona老師熱心公益，今年初邀得她指導晚期病友做運動，雖然很多病友年長並行動不便，但透過教授簡單的動作幫助他們紓緩不適，非常實用。

今聞Mona出書，分享她的心得，書中提及現今社會，都市人常常遇到身體各部位的痛症，Mona作出深入淺出的介紹，並且針對每種痛症及真實案例，按過去經驗列出不同運動，既簡單又清晰。盼望此書祝福更多人，藉此書獲得裨益。

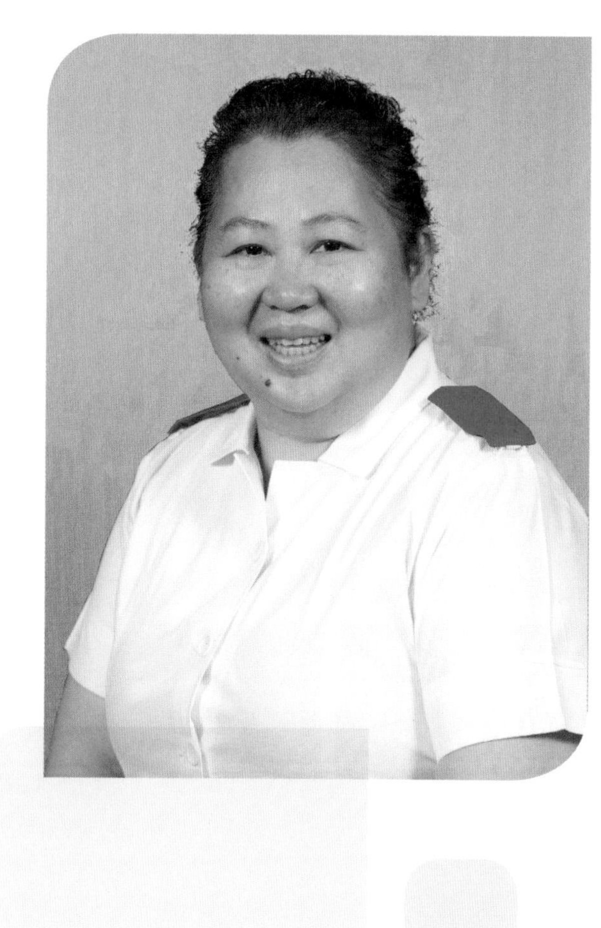

楊偉芳
紓緩治療顧問護師

CONTENTS

CHAPTER 01

練習前注意事項

① 服飾

應穿著鬆身衣服，讓全身感到放鬆，而且練習時，會加速血液循環，緊身衣服只會阻礙血液運行。如在家中，可穿上純棉襪子，在外面練習時，則可穿著運動鞋。

場地

最好在舒適寧靜的環境下進行，這樣才能留意到每部分的反應及狀況，感受到身體的呼喚和身心帶來的健康訊號，從而喚醒身體每個細節。

時間

練習前可吃一點東西，但千萬別在飽肚後才練習，也可以在練習後才吃，緊記運動後需喝水補充水分。

4 站立

建議大家平日站立時，應以「11字腳」，千萬別以「外八字」或「內八字」。若經常以「八字腳」站立會逐漸影響髖關節及坐骨神經；站立時應挺胸收腹，並多做一些提肛、收腹、收會陰等動作。而提肛就是規律地往上提收肛門，既可促進血液循環，亦有助於腎功能。有些人咳嗽或笑時出現失禁或不自覺流出尿液，若經常練習提肛收會陰，可以很快地修復以上情況。

5 呼吸

開始之前，放鬆肩頸膊，並配合深層呼吸，鼻吸嘴呼，平靜思緒，集中精神。留意呼吸需要深長而細柔，吸氣時會感到身體膨脹，胸口向外擴張；呼氣至腹部向內收縮。大約深呼吸三至五次，直至整個人都感到平靜沉澱下來。

呼氣

吸氣

本書聲明

1. 「養生健絡功」並非醫療行為，本書介紹的運動是以「改善」及「預防」為目的，而非「治療」。
2. 練習有關運動時，要確保自己身體狀況適合進行練習。
3. 練習時，如遇任何不適，請立即停止，並徵求專業醫生建議。
4. 本書作者及出版社，對誤做運動所產生的健康問題及任何傷害，概不負任何法律責任。

CHAPTER 02 頭部痛症

臉頰篇

"牙痛不是真的牙痛？沒錯，有許多人都遇到同樣的問題，看過牙醫後，明明牙齒十分健康，卻感到牙痛，這很有可能是患上三叉神經痛。頭顱有十二對神經線，第五對便是三叉神經，其名來自於其三個分支，分佈於前額、面頰、下巴，功能為傳遞頭顱感覺，包括臉部、口腔、牙肉及舌頭等的觸覺、冷熱感及痛楚感覺。而口腔分別由第二及第三分支管轄，所以當這兩條神經分支出現了問題，傳出痛楚訊息，而位置及痛楚跟牙痛相似，令很多人會誤以為是牙痛。

三叉神經痛的痛楚程度十分強烈，是其中一種最痛的神經痛症。有些患者稍被風吹或洗面都可以痛不欲生，也有人刷牙或大笑時因而感到劇痛，也有人咀嚼時感到疼痛，或面部有如被針刺或火燒的感覺。所以此病痛十分影響食慾、睡眠、情緒及身體觸覺，對於溫度改變也會變得特別敏感。

三叉神經痛的成因有很多，主要分為原發性及繼發性：原發性三叉神經線痛佔整體個案大多數，三叉神經線附近的血管隨年紀而退化及變硬，壓著神經線，神經線因此發出痛楚的訊號。繼發性三叉神經線痛，可能是神經線腫瘤、血管瘤、血管彎曲、神經線發炎、腦幹有腫瘤或發炎等所致。

另一在臉部的都市病就是臉癱，屬於常見的疾病，臉部僵硬感，而且多為半邊面，無分發病年齡。

臉癱的成因至今仍然不明，生活繁忙的都市人，經常休息不足，壓力大，抵抗力下降，病毒容易入侵破壞神經，令一邊面突然不受控及不能活動，亦出現臉癱症狀。亦有其他原因可導致臉癱，如腦腫瘤、

中耳炎、腮腺腫瘤、頭部受創等。中醫稱臉癱為「口眼歪斜」，主要病因多數是勞作過度、正氣不足、時常受風寒或風熱，或遇上天氣轉冷，身體陽氣不足，抵抗力下降，外邪較易侵襲身體，所以一吹風，便容易發生臉癱。

臉癱患者症狀是臉部其中一面肌肉癱瘓，臉部活動能力變得遲鈍，額頭至嘴角都不能活動，嘴角下垂，或嘴在活動時會歪向一邊，不能如常做出不同的表情，例如皺眉、眨眼、微笑等，兩邊面也不對稱。五官的功能方面也會受到影響，因為第七條神經線支配舌頭味覺前三分二的感覺，不但感到舌頭麻木，有很多病人會有喪失味覺的情況；加上不能控制肌肉，咀嚼也變得困難，口齒不清，而且不受控地流口水；還有眼睛不能合上，令眼睛感到乾澀，甚至可致眼角膜發炎或過乾。亦由於神經發炎部位在耳後的乳突孔位置，該位置會感到疼痛，甚至有耳鳴問題，當發炎引起痛感時，亦會引致頸痛，所以無論對於外觀上，還是平日日常生活都極為影響。

舌頭操七式

做舌頭操前，請留意以下事項：

1. 配戴假牙人士，可除假牙做此操。
2. 對著鏡做，可留意自己舌頭的情況，注意舌頭是否正中。若然歪在一邊，可能身體出現問題，應向醫生查詢。
3. 無論站著或坐著做舌頭操，直接伸出舌頭便可，不用仰高頭或左右擺動，因為一邊伸吐舌一邊搖晃頭部，很容易導致頭暈。
4. 剛開始時可能不習慣，甚至難以拉出或控制舌頭，經常練習此操以拉鬆舌根，問題便日漸減少。
5. 如何將舌頭伸得更長？想像有人將自己的舌頭拉出來，或者想像利用舌頭把口腔內某些東西推出來，舌頭便會愈拉愈長。
6. 早上及晚上各做一次「舌頭操」，必須在飯後四小時後方能練習此操。

操前預備動作

1 把嘴巴張開至盡，何謂張開至盡？幻想把一隻大笨象塞進口內，一邊想一邊做，維持這個動作二十至三十秒，然後放鬆。

2 此動作一共做四回，或直至腮部感到放鬆後才正式練習舌頭操。

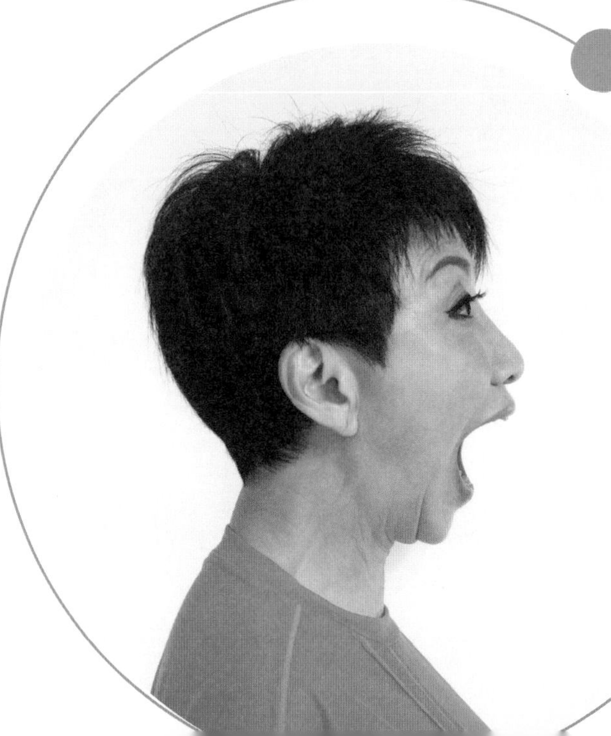

舌頭操第一式

獅子吼

1 先保持雙眼睜大。

2 放鬆肩頸膊，然後把舌頭伸出並咆哮。此動作最少做五次，而每次伸出舌頭後最少停留五至十秒，方能做到鬆舌筋的效果。

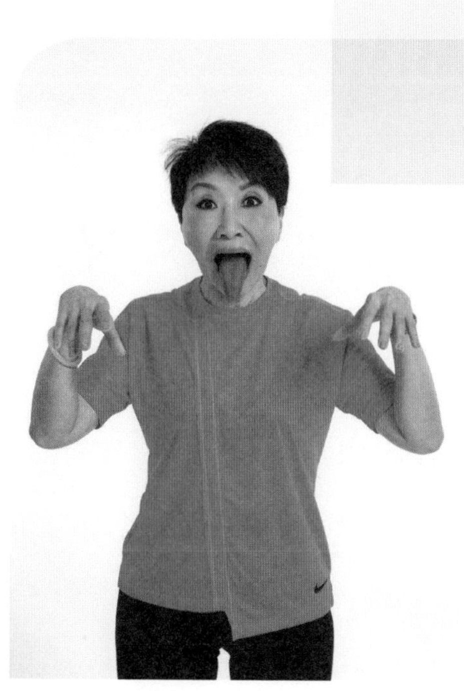

舌頭操第二式

舌舔鼻

1 舌頭伸出並嘗試舔鼻。很少人可以做到此動作，盡量把舌頭伸至最接近便可，帶動頸部得以舒緩。

2 此時，脖子及後頸部出現十分拉扯的感覺，甚至感到有痰，可以把痰吐出。

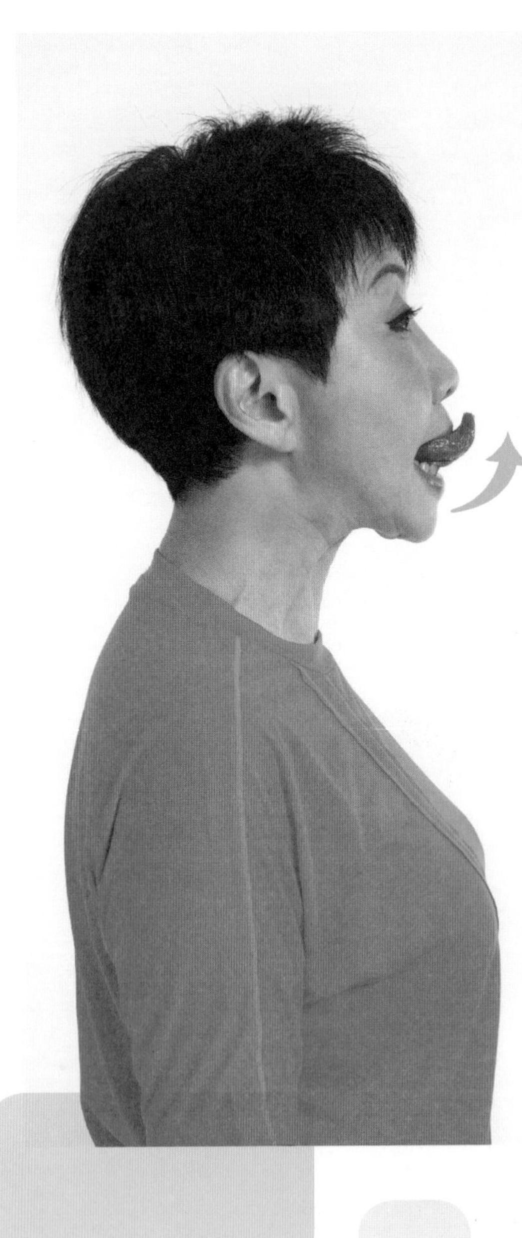

舌頭操第三式

左顧右盼

1 把舌頭盡量拉長，伸向左邊，停十秒。

2 把舌頭收回口腔內。

3 再把舌頭盡量拉長，伸向右邊，停十秒。

4 左右每邊為一組，共做十組。

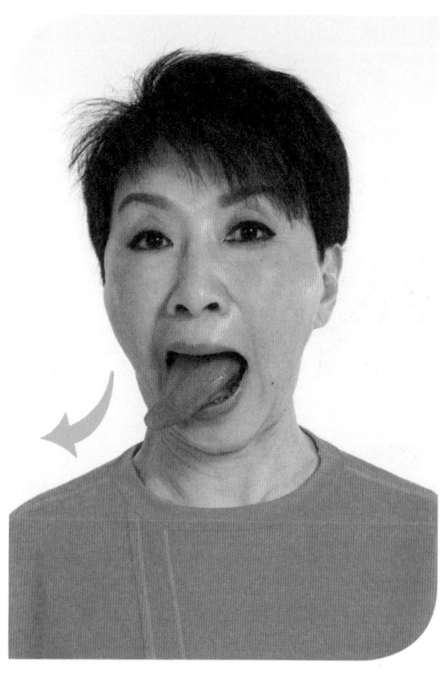

舌頭操第四式

魷魚舌

1 把舌頭從左右兩邊向中間捲起。

2 有些人與生俱來做不到這動作，若然如此，可以做第一式獅子吼，但不用吼叫，只把舌頭拉出十次便可。

獅子吼

舌頭操第五式

舌頂乾坤

1 舌頭頂在牙齒的上顎十秒。

2 然後舌頭頂在牙齒的下顎十秒。

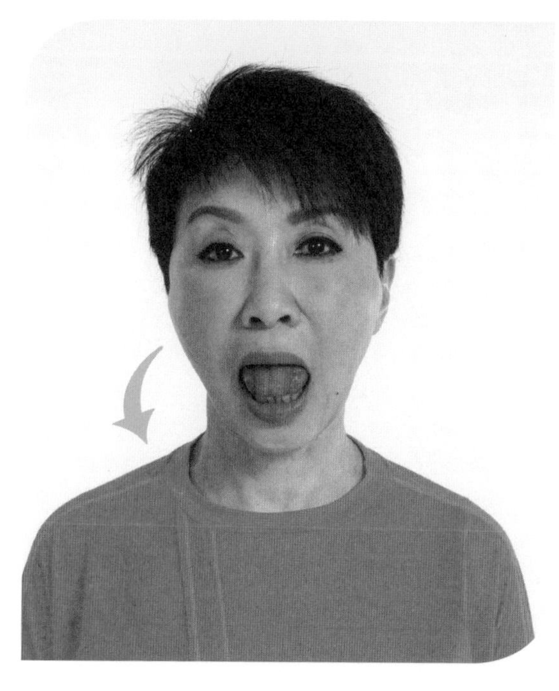

3 上、下顎每做一次為一組，共做十組。

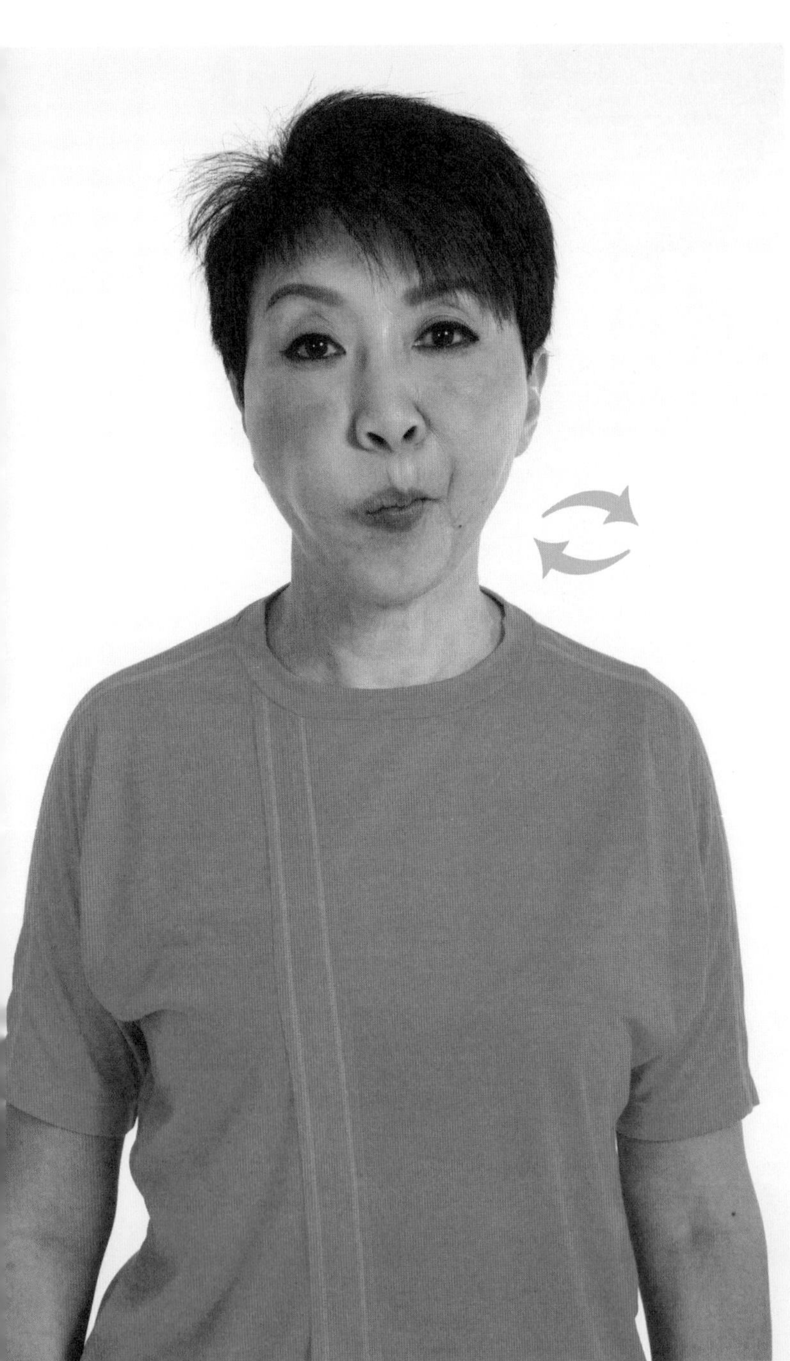

舌頭操第六式

攪赤龍

1 把舌頭放在牙齒外，先向左轉三百六十度十次。

2 完成左轉後，同樣右轉十次。

3 接著把舌頭放在牙齒內，同樣向左、右各轉十次。

4 此為純氣功，通常做三十六次，作為「舌頭操」其中一式，只需十次。當然做三十六次亦可。

5 人有精、氣、神三寶，做此動作時會有好多口水滲出，分三次將口水吞下送到下丹田，即接近肚臍位置，不要把口水吐出來。

舌頭操第七式

「貽」笑大方（扣齒）

先張開口，上下排牙齒合起來，然後扣大牙三十六次，再扣門牙三十六次。

功效

神經線受損後，配合適當治療，經過長時間便會自動復元，及早診治可改善症狀。舌頭操讓臉部、頭的肌肉筋腱多活動，有助改善三叉神經痛、臉癱的病情。每個臉癱患者的康復期都各有長短，視乎病況的嚴重性，若延誤療期的話，康復後可能留有後遺症，如大笑時眼角跳動、進食時流淚。建議大家多休息，保持充足睡眠及適當減壓等，避免經常吹風受涼，降低患病風險。

小貼士

很多人喜歡留在冷氣的地方，特別是出入室內外的溫差令身體無法即時適應，皮下血管會即時收縮，血液無法提供到神經及肌肉，導致肌肉僵硬，容易患上「冷氣病」，例如鼻敏感、氣管敏感、流鼻水及感冒等。傷風、感冒是不少都市人經常患上的疾病。預防這些小病可試試以下方法：

暖風吹大椎穴

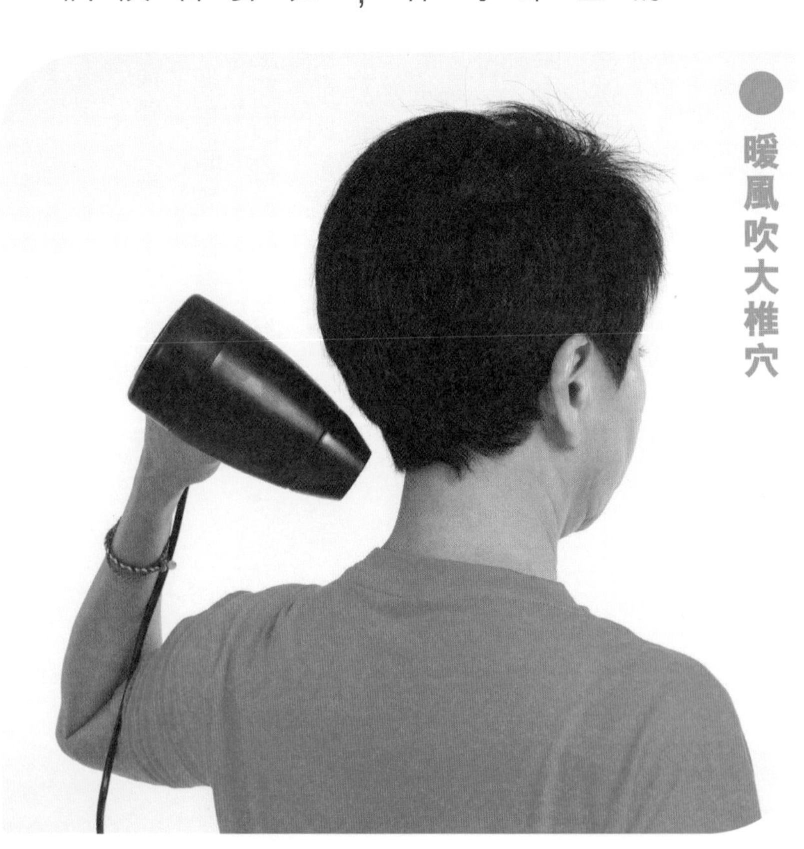

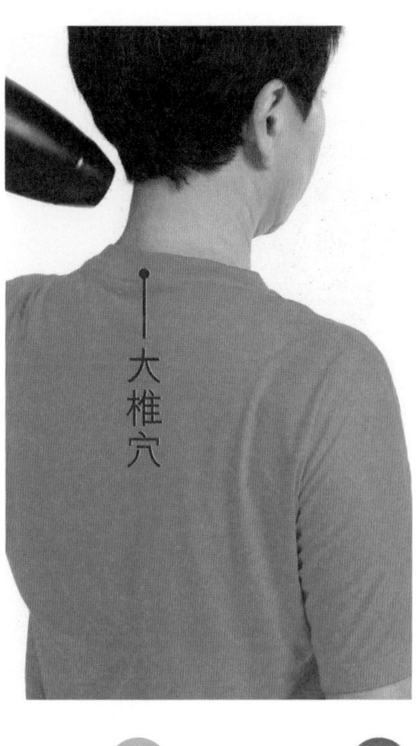

❶ 當感冒初起時，以風筒的暖風吹著大椎穴大約五分鐘。

❷ 減少讓冷氣直接吹著頭部的機會。因為冷風直接吹著頭顱的大椎穴，會令血管收窄，影響頭部的血液循環，很容易導致臉癱，甚至中風。

❸ 先用少量熱水把一湯匙的鹽溶解，再添加室溫水稀釋成高濃度鹽水，把鹽水含在喉嚨深處漱口，然後吐出。這個方法可舒緩感冒初起的喉嚨痛和痕癢的徵狀。

❹ 或多作天灸，即是曬太陽，陽光是天賜的宇宙能量。適宜於早上十一時三十分前及下午四時三十分後，曬背脊，特別是督脈和大椎穴，可以做著運動或者坐下來曬十五分鐘。

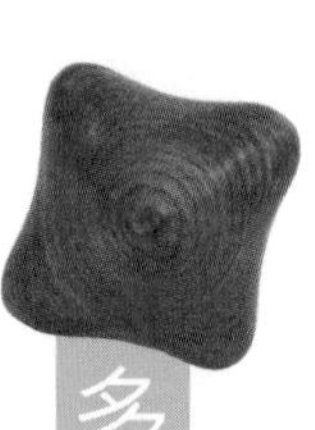

多角形木珠

穴位按摩

按足少陽膽經上的一些穴位，有助醫治口部、臉頰的疾病，分別是右邊臉足少陽膽經的上關和曲鬢，可開竅牙關和利口頰；還有右後腦的風池則可利官竅。

可利用木珠專注按這些穴位；或如梳頭般，微微施壓由右腦前額往後梳一陣子，然後從後向前梳至髮線位置一會兒，可同時按摩頭部多個穴位，促進頭部的血液循環。

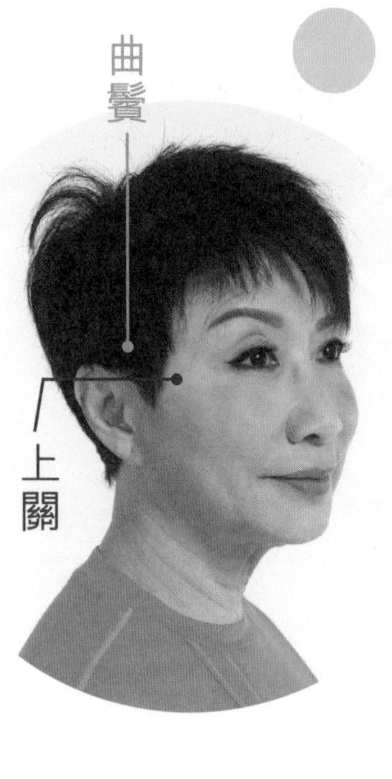

木珠按摩腦前額

木珠按摩足少陽膽經

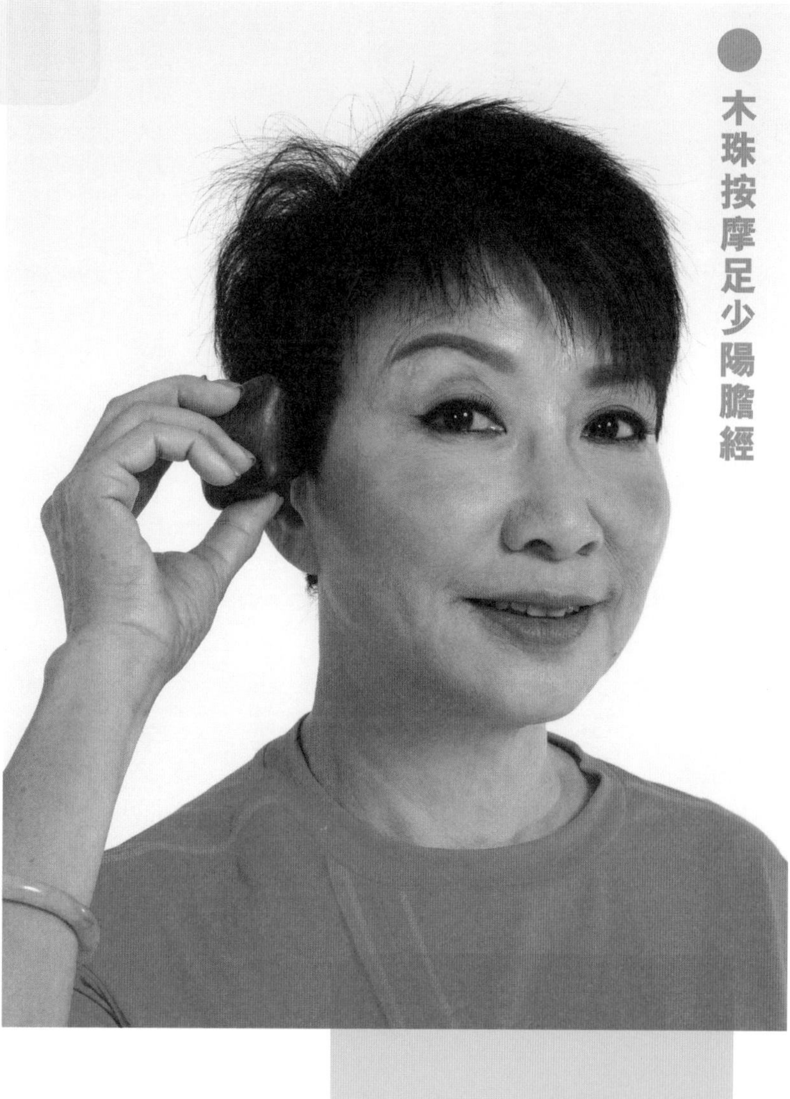

若想更精準了解有關動作，請登入「HEHA健樂教室」。

學員分享 1

病情已經持續超過二十年，因為是第七條神經線出現問題，不但臉部表情有問題，也影響臉部肌肉嚴重向一邊歪斜，眼睛也戚起了。一直以來都有醫生跟進，可是最多只可以為我打肉毒桿菌針，也就是Botox，不過臉部肌肉還是不能放鬆。

自二〇一八年六月開始跟老師上堂學習養生健絡功，花半年多時間做養生健絡功及舌頭操，緊記老師教導所有的式子，然後勤力多練習，現在明顯改變了，不但臉部歪斜的問題慢慢改善，連眼疾都得到幫助：雙眼因為退化而不能看得清楚，一直都需要看醫生，但到了十二月二十八日覆診，需要決定是否排期做激光手術的時候，醫生竟然說眼睛的情況很好，不用做手術，同時鼓勵我繼續做運動，延至一年半後再覆診。知道這個消息後，便很高興地向家人報喜：老師送了一份最美好的聖誕禮物給我！

學員李何麗華

學員分享 

我經常有喉嚨痛和喉嚨痕的問題，而且問題持續了五年以上，以往要依賴服食消炎藥和喉糖去治療，自從二〇一九年一月開始跟 Mona 老師學習養生健絡功，並在二月開始早晚都做舌頭功一次之後，發覺喉嚨痛和痕癢都明顯減少了。再加上老師所教，口腔含著高濃度鹽水在喉嚨處嗽口，當出現喉嚨痛和痕癢時，便用這個方法，只需一、兩天便消去了，直至現在痛和痕癢的徵狀很少出現了。

很感恩遇到Mona老師的無私教導，讓身體有毛病的地方都得以改善，而無需再吃藥，練習養生健絡功一定要持之以恆。

學員 Mandy

眼睛篇

智能手機的普及，許多人因此變成了低頭族，但對著螢幕太多太久，除了引致肩頸痛之外，很容易患上另一都市病——乾眼症，因為螢幕上的藍光會刺激眼球，病情可嚴重至不能張開雙眼，若然惡化，可有機會導致眼角膜潰瘍、感染，黃斑點病變、甚至致盲。此外，經常向下望會加強眼睛下方壓力，眼下血管容易腫脹，以致黑眼圈，還會令視力下降，容易造成老花、近視。

玩手機之外，原來配戴隱形眼鏡都一樣出現問題，長期戴「大眼仔」等隱形眼鏡而經常拉扯眼皮，容易令皮膚及周邊軟組織鬆弛，眼睛容易充血、眼球及骨間位置鬆弛致凹陷和凸出，亦會令眼下顏色看來較深。加上眼下皮膚粗糙變厚時，會影響光線折射；眼肚下微絲血管及淋巴系統若遇堵塞，積聚淋巴瘀血及水腫。所以配戴隱形眼鏡時，務必選購透氣度高的隱形眼鏡，讓眼球有足夠的氧氣及眼水分泌。

護眼第一式 眼珠打圈

轉動眼珠，順時針轉三十六次，然後逆時針轉三十六次。

護眼第二式

按承泣穴

眼珠正下方、於眼眶骨的一點，手指帶少許力反覆搓揉。

護眼第三式

米字操

❶ 轉動眼珠，先左右來回五次，然後上下來回五次。

2 接著左上角至右下角來回五次，最後右上角至左下角來回五次。

注意：每望一個方向時，盡量把眼睛望至最盡，並不用搖動頭部和頸項。

功效

以上有助眼部血液循環，舒緩眼睛疲勞，有助增加淚水分泌。當眼部血液循環順暢時，帶走眼周的瘀血及水腫，減少黑眼圈、色素沉澱。無論使用任何電子產品時，必須在足夠光線下進行，每小時都讓眼睛休息，或遠望綠色植物、舒適的景物，可望深一點、望遠一點，讓眼睛疲勞得以舒緩。減少煙酒、辣和鹹食物，因為這些都是令水腫更明顯。

多角形木珠

穴位按摩

按摩右腦多個經絡都有助雙目的健康，包括足太陽膀胱經中的曲差、五處、承光、通天、絡卻、玉枕、天柱，足陽明胃經的頭維，足少陽膽經的浮白、完骨，都可清神、清頭目、利官竅。

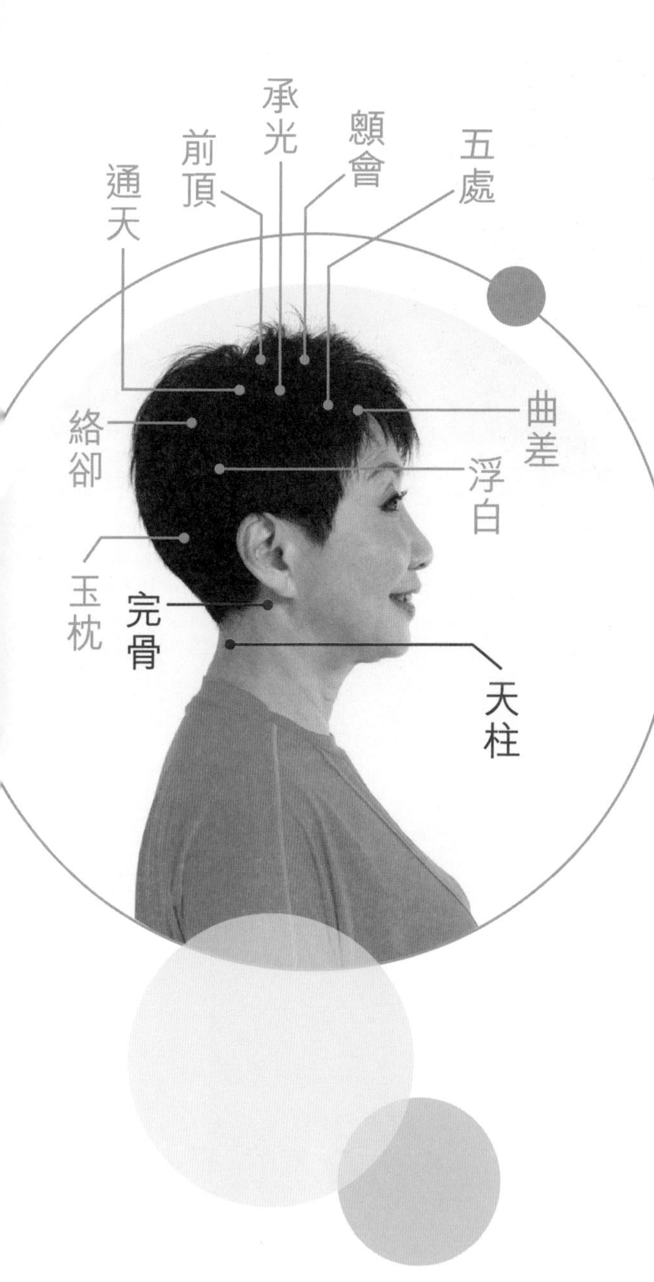

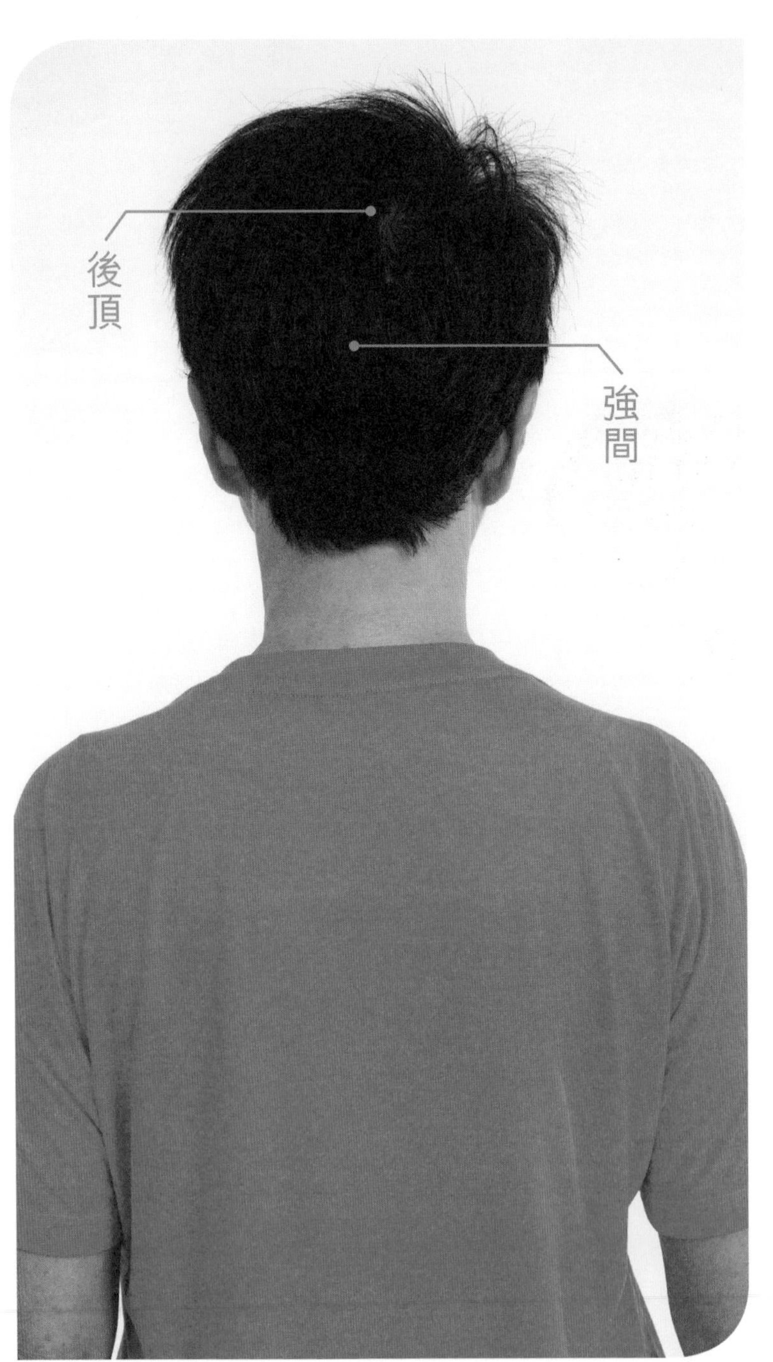

而按摩頭中間督脈的強間、後頂、前頂、顖會也有同樣的功效。

有關明目的穴位不一定在頭部，手和腳上也有多個經絡穴位，如手陽明大腸經的臂臑、陽溪，手太陽小腸經的養老，手少陽三焦經的液門，足少陰腎經的照海，足厥陰肝經的太衝，足太陽膀胱經的跗陽、崑崙和京骨，都有清頭目作用。

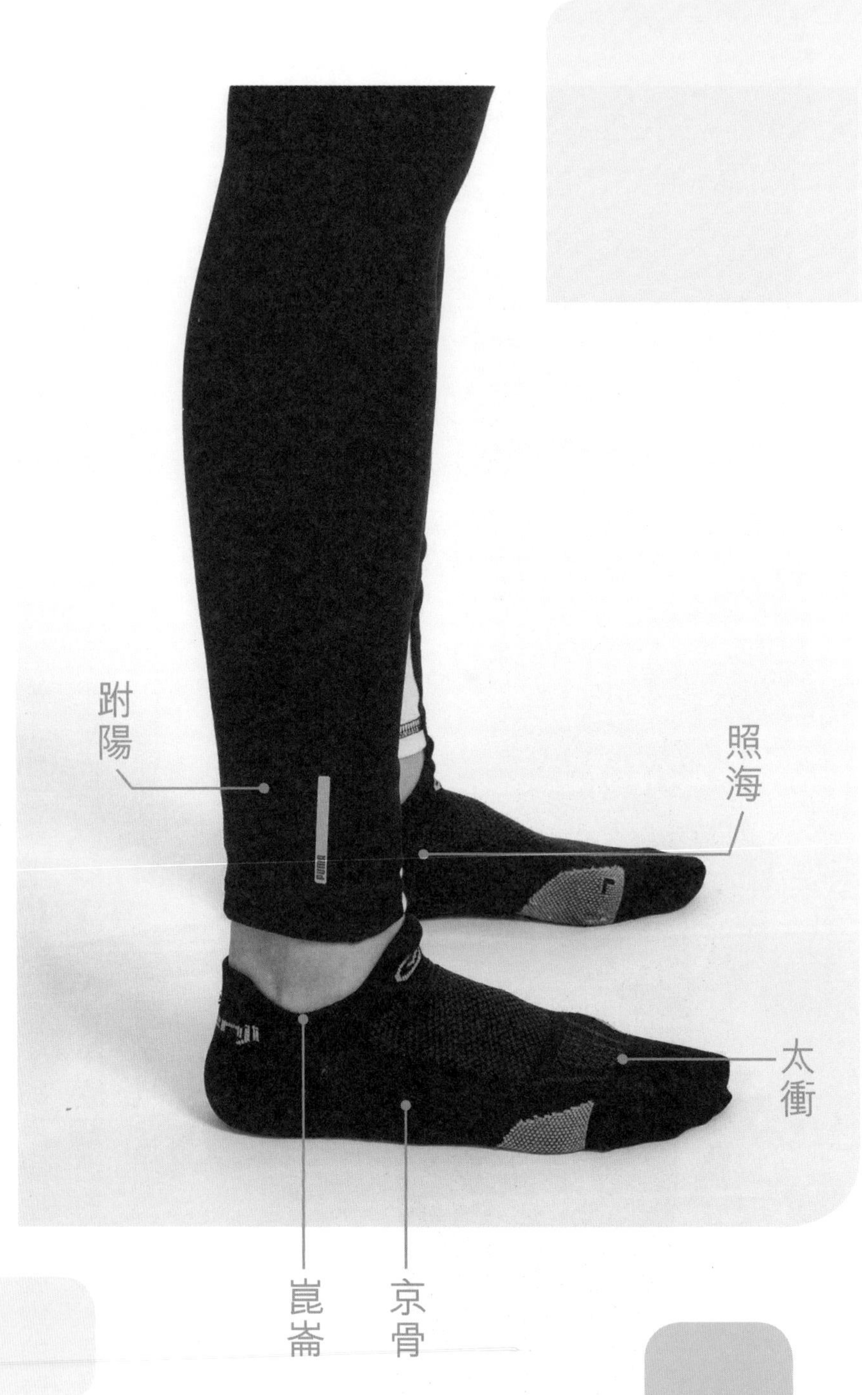
跗陽
照海
太衝
崑崙
京骨

同樣可以用木珠專注按頭部的這些穴位；或梳頭般，微微施壓由前往後及從後向前梳至髮線，手和腳的按摩方式也一樣，只要微微用一點力按壓穴位便可。

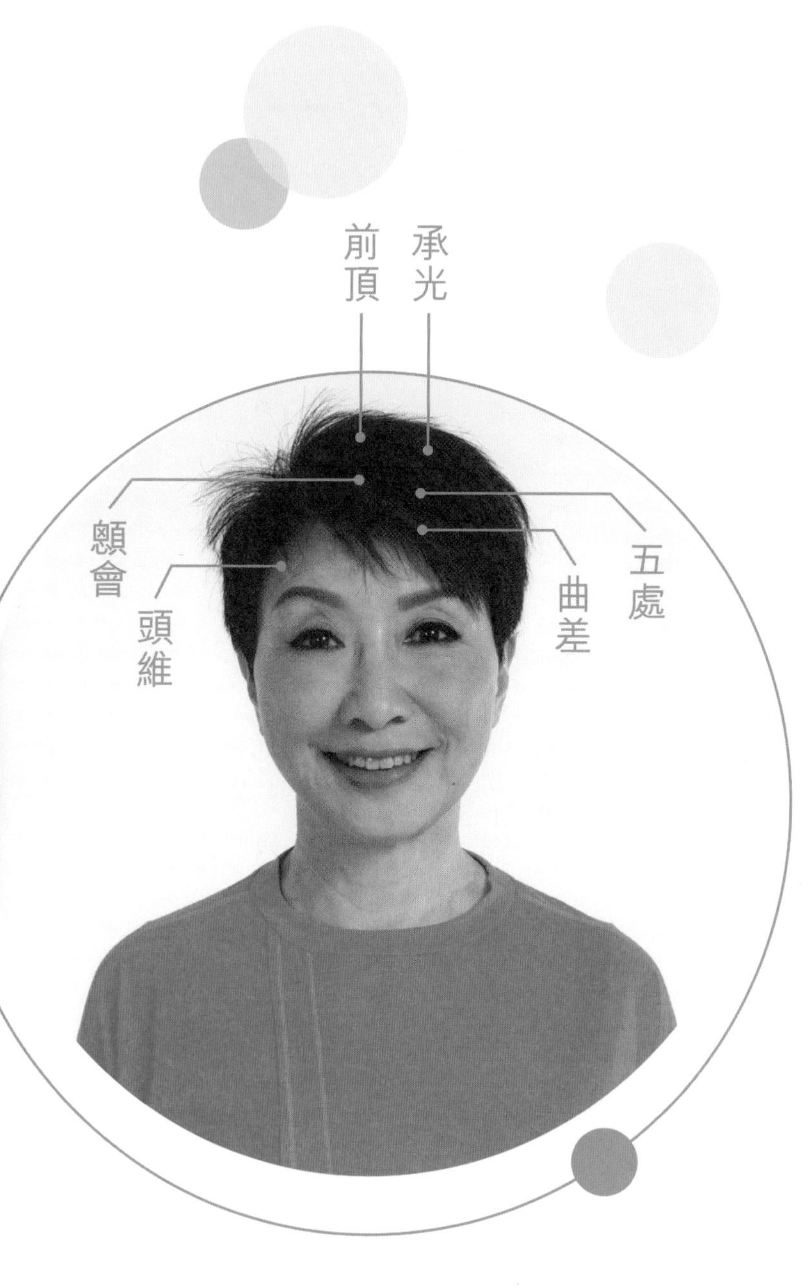

耳朵篇

一般人都認為耳鳴、耳聾、弱聽這些耳疾，只屬於老人病，但隨著社會的生活環境轉變，許多疾病都趨向年輕化，耳疾如是。除了經常身處噪音的地方，隨著生活和工作節奏加快，或是因為工作關係而需要長期熬夜加班，干擾了身體正常的生理時鐘，有人因此會出現聽力下降的情況，最常見的包括的士夜班司機、需經常加班人士等。還有因工作壓力大或長時間上網、通宵達旦玩遊戲機等都會導致耳鳴及聽力下降，對日常生活和工作的影響甚深。

另外，也有非職業性原因，使很多人遇到耳疾問題。如近年越來越普及手機、平板電腦等，部分都市人都機不離身，一邊走路、坐車，一邊使用耳機聽歌、看電影、電視，這時由於四周環境嘈吵聲大，需較大的音量，而且聲波直接傳播於外耳道，引起鼓膜、聽骨鏈的強烈震動，導致內耳損傷。還有自身免疫性疾病、微循環病

變、病毒感染及心理因素等，影響耳朵的健康。從中醫角度看，腎臟虛弱者，都有機會影響到耳朵，出現耳鳴的情況。

其實耳鳴、頭暈等症狀正是聽力下降的早期信號。隨著情況持續加重，這些高危人群很可能最後會完全喪失聽力。各位可透過正確的方法保護聽力，以阻止或延緩聽力障礙的發生。例如戴上可以保護聽力的耳塞，或者遠離噪音污染源；不要長時間使用各類電子產品，使用時應調校合適的音量，亦避免在嘈雜的環境下使用，儘可能保護我們的耳朵。

護耳第一式 按摩耳部百穴

❶ 用手指從上而下按摩耳朵十分鐘。

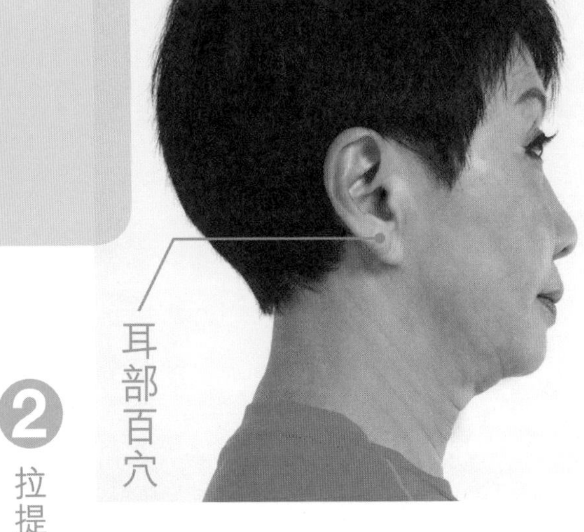
耳部百穴

❷ 拉提耳尖，再按摩內外耳殼，最後按摩耳珠。

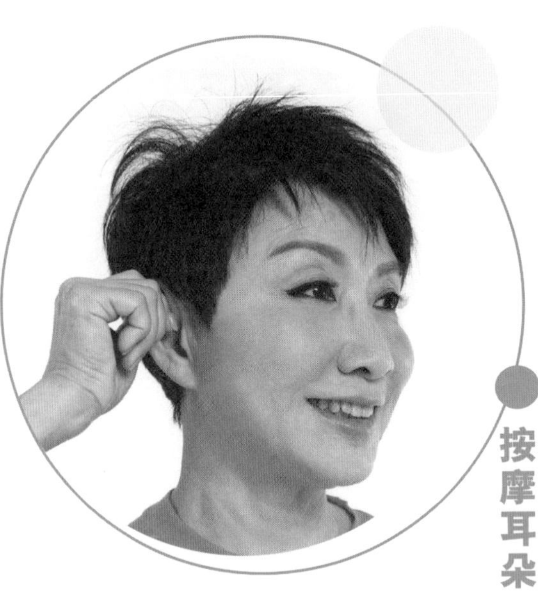
按摩耳朵

護耳第二式

拍打湧泉穴

用手拍打腳底湧泉穴，左右腳各一百次。

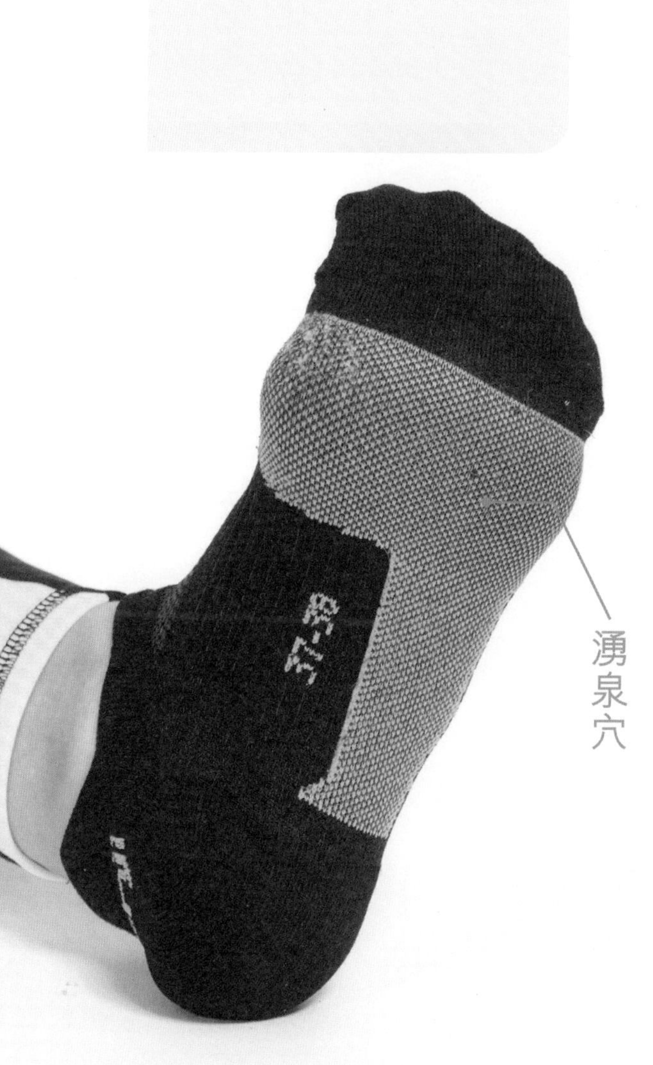

護耳第三式 按摩聽宮穴

1 聽宮穴在耳屏的前方處，手指按著此處，張開嘴巴，會感覺到一凹陷位，這個位置就是聽宮穴。

2 找到此穴後用手指按摩五分鐘。

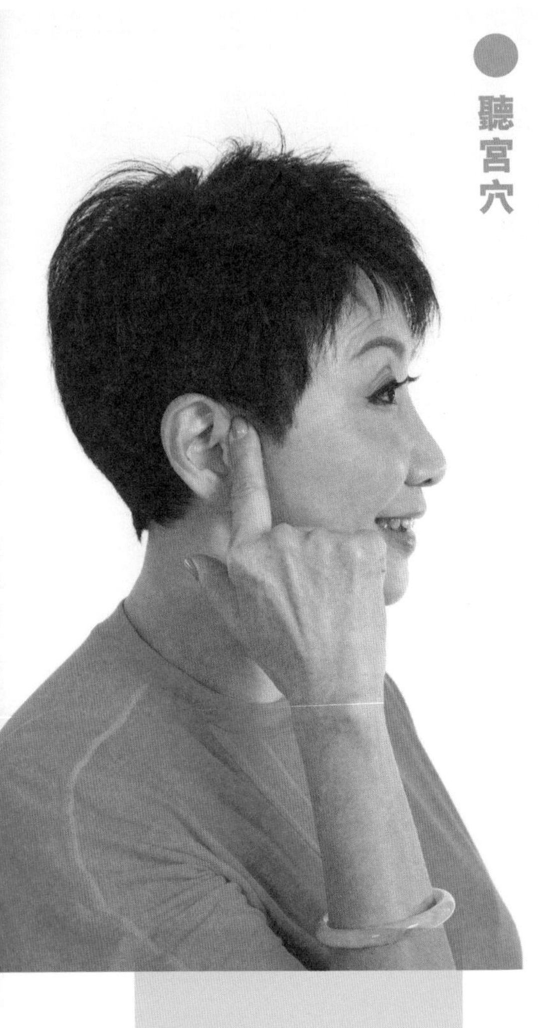

● 聽宮穴

功效

多按耳朵，可以舒筋活血，增強聽力，還可以減輕耳鳴等。耳朵上有全身反射區的穴位，身體的經絡穴位和反射區的穴位不同，不可混為一談。平日多按摩耳朵，不但保護耳朵的聽力，同樣對於身體內外都有莫大的幫助，有強身健體之效。

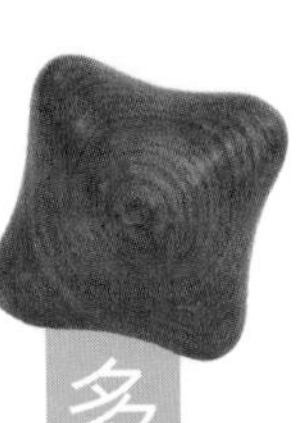

多角形木珠

穴位按摩

對於耳朵聽力有幫助，可按足少陽膽經的穴位聽會和風池，均可開竅益聰和利官竅，而手少陽三焦經的中渚和四瀆同樣有通耳竅之效，可多用多角形木珠的角按壓這些穴位。

木珠按摩聽會

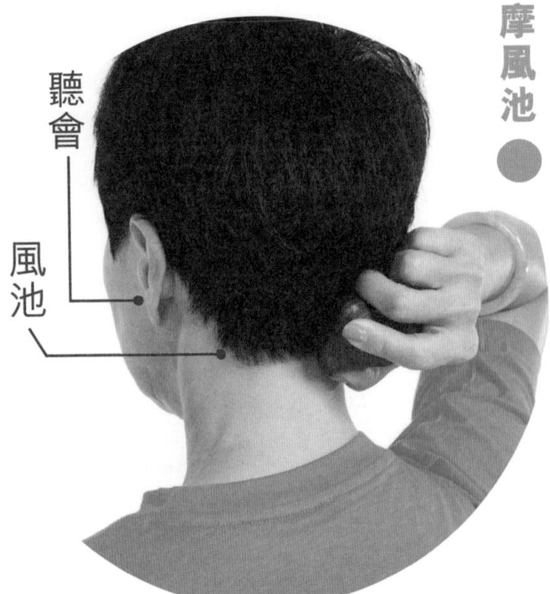

木珠按摩風池

聽會

風池

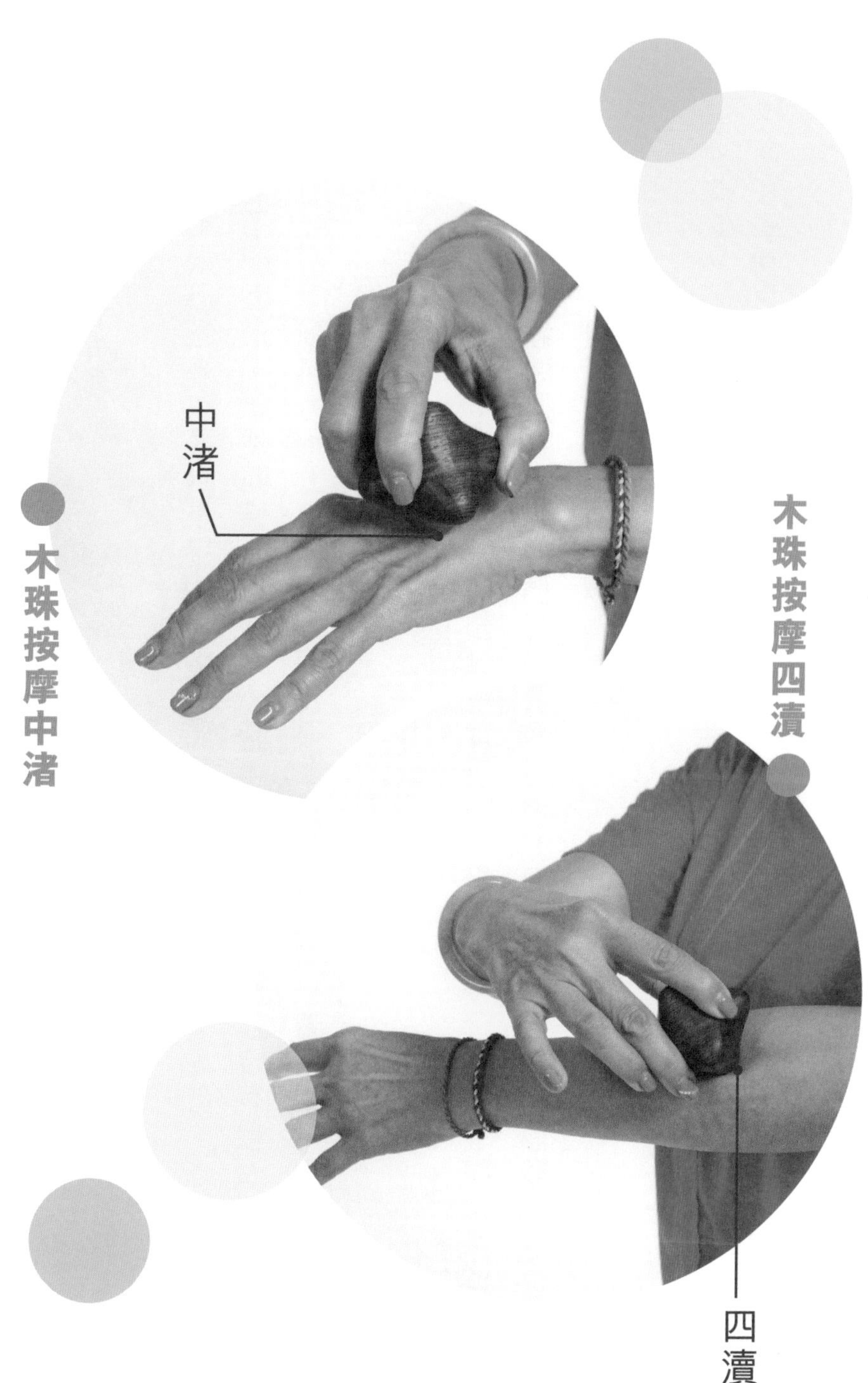
木珠按摩中渚
中渚
木珠按摩四瀆
四瀆

學員分享

約十多二十歲已經患有耳水不平衡，情況時好時壞，發作時會嘔吐，曾經試過整整一星期都不能上班，雖然西藥能幫助到一時，但耳水不平衡並沒有根治。另外，我的一雙腿經常感到無力，上落樓梯都感到很艱難，一定要扶着扶手，生活上十分之不方便。

除了這個病痛，約數年前，曾做過割除子宮手術，從此之後，左邊下腹常常都有一陣陣的痛楚，曾經問過醫生，他們都說會慢慢地好過來，而每次覆診我都跟醫生重複說同一番話，可惜一直都沒有改善。

但自從二〇一八年九月開始跟老師學習養生健絡功，左腹的痛楚只痛過一次，耳水不平衡在學功之後便再沒發作出現，全身的筋腱都放鬆了許多，雙腿的問題改善了很多。雖然老師在每次做完每個動作都會問我們的感受，但其實我的感覺並不強烈，不過已無形中改善了很多毛病。

極力推薦每位一定要學習養生健絡功，可以改善自己身體之外，亦都可以幫自己的家人或身邊的朋友。

感謝老師的無私奉獻及悉心指導！

學員姜智玲

鼻子篇

出現鼻塞、鼻癢、噴嚏、流鼻水、鼻水倒流，尤其每當天氣轉變、空氣污染指數高、早上起床時較為明顯，這是鼻敏感的病徵。可是很多人都誤以為過度吹冷氣以致傷風感冒，感冒藥愈吃得多，不但治標不治本，也令體質變得更虛弱。而且鼻敏感發作時經常打噴嚏、流鼻水，並因長期用口呼吸，可能出現黑眼圈等臉部徵狀，也會影響儀容。

其實鼻敏感是香港常見的都市病，屬於過敏性鼻炎，當吸入空氣中的致敏原，如塵蟎、灰塵、動物毛屑等，或天氣變化、空氣污染、溫差等，鼻腔或鼻黏膜受到刺激而發炎，繼而誘發流鼻水、鼻塞、喉嚨痕癢、打噴嚏等徵狀，甚至影響眼耳喉，雖然不會致命，但可導致哮喘、鼻竇炎、分泌性中耳炎及睡眠窒息症等其他問題。減少鼻敏感發作，首要條件是避免接觸致敏原，保持家居清潔和讓充分陽光照射室內，可避免塵埃積聚及去除塵蟎，每周清洗冷氣機隔塵網；如對動物毛髮敏感，就不要讓寵物進入睡房，若是花粉症者，應避免栽種植物。

從中醫角度分析，鼻敏感的內因是體質先天過敏，加上受異氣、風熱、風寒等外邪侵襲而誘發。這些患者常為肺氣虛寒體質，經常歎冷氣、喝凍飲，也常常感到疲倦，怕冷怕吹風，鼻水較清稀，當遇到天氣冷一點或天氣變化時，便容易病發或加重病情。

防鼻敏感第一式

按摩上迎香穴

上迎香穴：鼻翼兩旁約一厘米的位置，按壓三十六次。

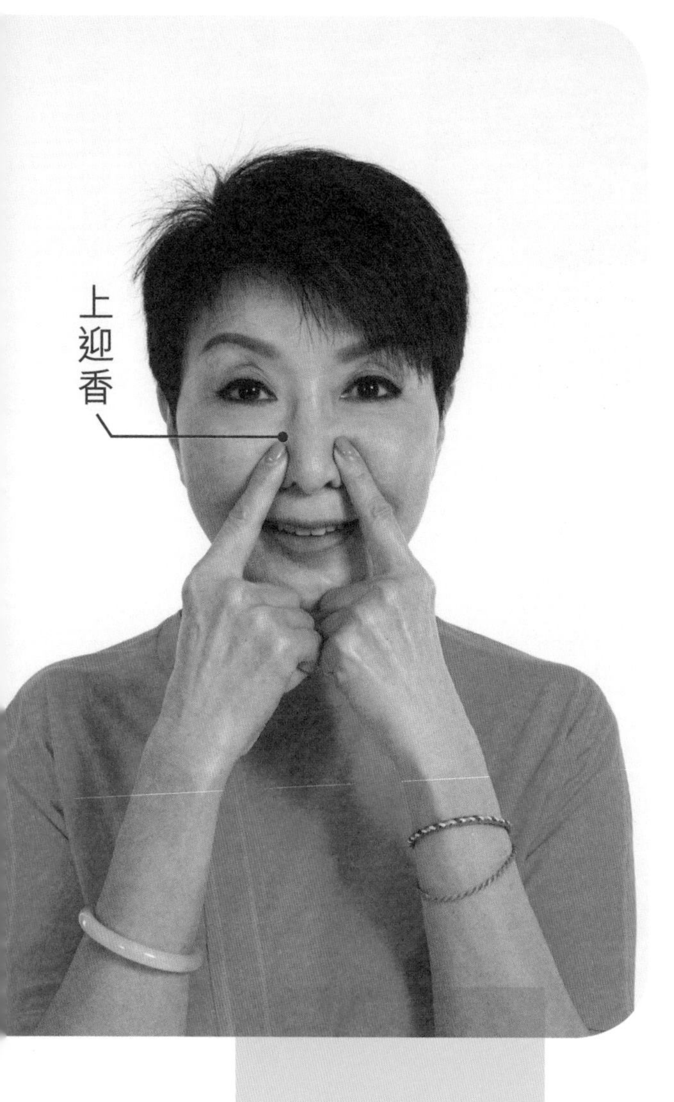

防鼻敏感第二式

開歐氏管

用手指捏著鼻子，作擤鼻涕的動作，一共九次，讓歐氏管暢通。

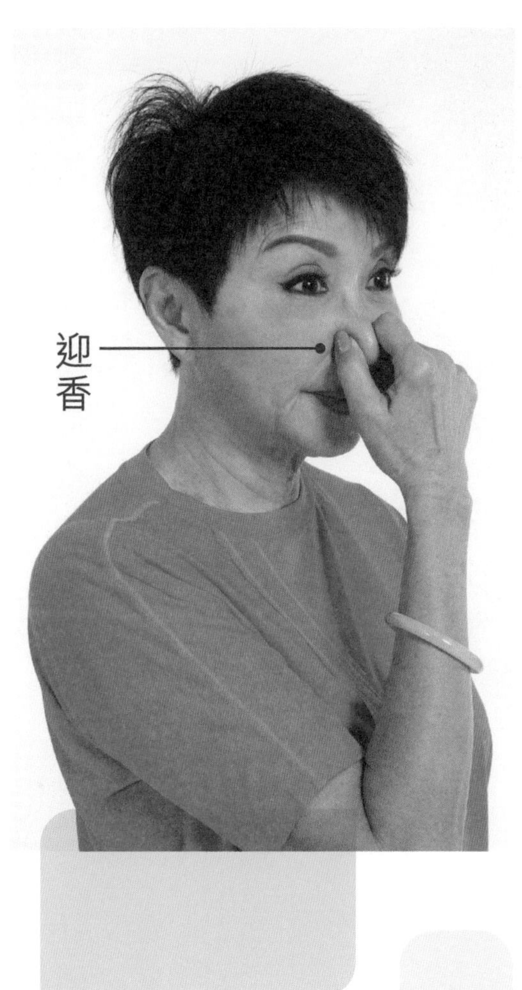

注意：擤鼻涕時不要太用力，以免傷及耳膜。

防鼻敏感第三式

舌頭操第一式「獅子吼」簡易版

1 放鬆肩頸膊，然後把舌頭伸出，無需咆哮。

2 此動作最少做十次，而每次伸出舌頭後最少停留十秒，方能做到鬆舌筋的效果。

將以上防鼻敏感三式做三至四次。

功效

透過刺激經絡穴位可祛風解表，理氣止痛，鎮靜安神，通利鼻竅，輕利頭目，有助鼻敏感及鼻水倒流等問題，舒緩病情。同時增強免疫力，減低患上感冒的機會。

多角形木珠

穴位按摩

右腦足太陽膀胱經靠髮線的玉枕，還有鼻翼兩邊的迎香穴，都可宣通鼻竅，後腦足少陽膽經的腦空和風池更可利官竅。但臉上的肌肉較弱，按摩略略施壓便可。

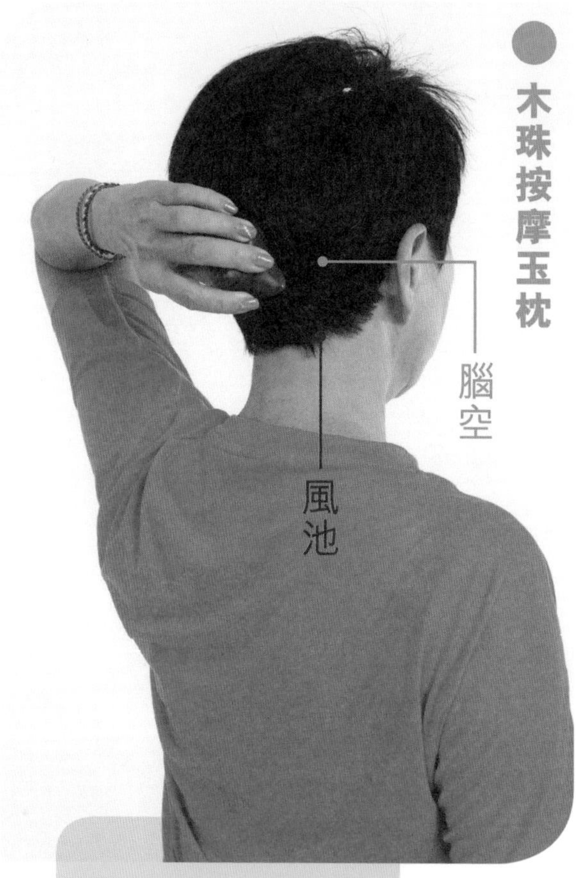

木珠按摩玉枕

腦空

風池

學員分享

三十年前，因鼻子血管粗肥，每日都流鼻血，三次電烙後，鼻血止了，但又有鼻水倒流，入睡時鼻水倒流入氣管引致狂咳，極之辛苦，屢醫無效。

五年前跟隨Mona老師練習健絡功，我每日必做兩次全套健絡功，易學易做，我當作這運動是娛樂，沒有對自己訂立要求，不過我每次練習健絡功都是全心全意，經過六個月時間，我突然覺得鼻水流少了，又可以安睡一刻，我如常繼續練習健絡功一年後已完全康復，直到現在，十分感恩遇上Mona老師。

這是我練功的心得與成果，願與學員共勉。

學員姚文娟 九十三歲

CHAPTER 03 肩頸胸背痛症

肩頸篇

平日生活壓力大，身心疲倦時，很多人都會喜歡去按摩放鬆減壓，特別是針對肩頸的位置，但為甚麼都市人的肩頸酸痛問題特別多？其實跟工作和現代生活習慣有關，許多打工仔需要長時間用電腦或低頭看文件，低頭族經常使用手機等等，長時間維持同一姿勢，令到某些肌肉群過分拉長及力量變弱，另一些肌肉群則過分繃緊及短縮，形成頭部前傾、圓肩駝背的姿勢，導致痛症和發炎，繼而引發肩頸痛問題，例如頸痛、頭痛、頭暈、肌肉僵硬疲勞、上背痛，嚴重更影響到神經線，令手部麻痺及手指無力，肌肉萎縮。另外，頭部長時間向前傾，中下頸椎過分前彎，還容易引致椎體弧度變形和發生小錯位。

從中醫角度來看，肩頸痛主要有四大原因：除了長期保持不良姿勢或過度使用肩頸部肌肉，長期缺乏運動導致肌肉攣縮，肌肉不平衡，因而產生痛楚，即是中醫認為的「不通則痛」。另一方面，經常讓肩頸直吹冷氣或風扇受寒，「寒邪收引」，也會令頸肩肌肉痙攣。

另一種常常聽到的肩膊痛症就是五十肩，又稱肩周炎、冷凍肩，好多人以為年過五十歲的肩膊痛就是五十肩，事實是此症多發於四十至六十歲人士才因而得名。

五十肩屬於瀰漫性炎症，具體病因並不明確，但一般與慢性勞損、反覆的肩部動作有關。患病初期，病人因肩部關節囊發炎和收縮而感到異常痛楚；到了中期，除了痛楚以外，關節囊發炎時會變得僵硬及增厚，柔韌度減少，肩膊亦開始感到越來越繃緊，影響了肩膊的活動，痛楚亦會隨著時間而慢慢減少，但繃緊的情況未得以改善。到了後期，病患者會慢慢地恢復過來。患者較多是單邊膊頭患五十肩，兩邊同時出現五十肩的情況較罕見。患上五十肩，日常生活確實很受影響，因為肩膊活動受限，舉不起手來，穿衣、梳頭、洗頭、女士扣胸圍都無法自如，十分不便。

肩頸舒緩第一式

大鵬展翅

1. 打開雙手像鷹張開翅膀一樣，手帶點拉扯的感覺，挺胸收腹站立。

2. 然後提起腳向前行二百步或以上。

3. 完成後，雙手向前回中，最後呼氣雙手慢慢垂下。

肩頸舒緩第二式

蓮花手

❶ 手掌放於胸前，掌心向上，手指指向前，慢慢挪開雙手至左右兩邊肩膊。

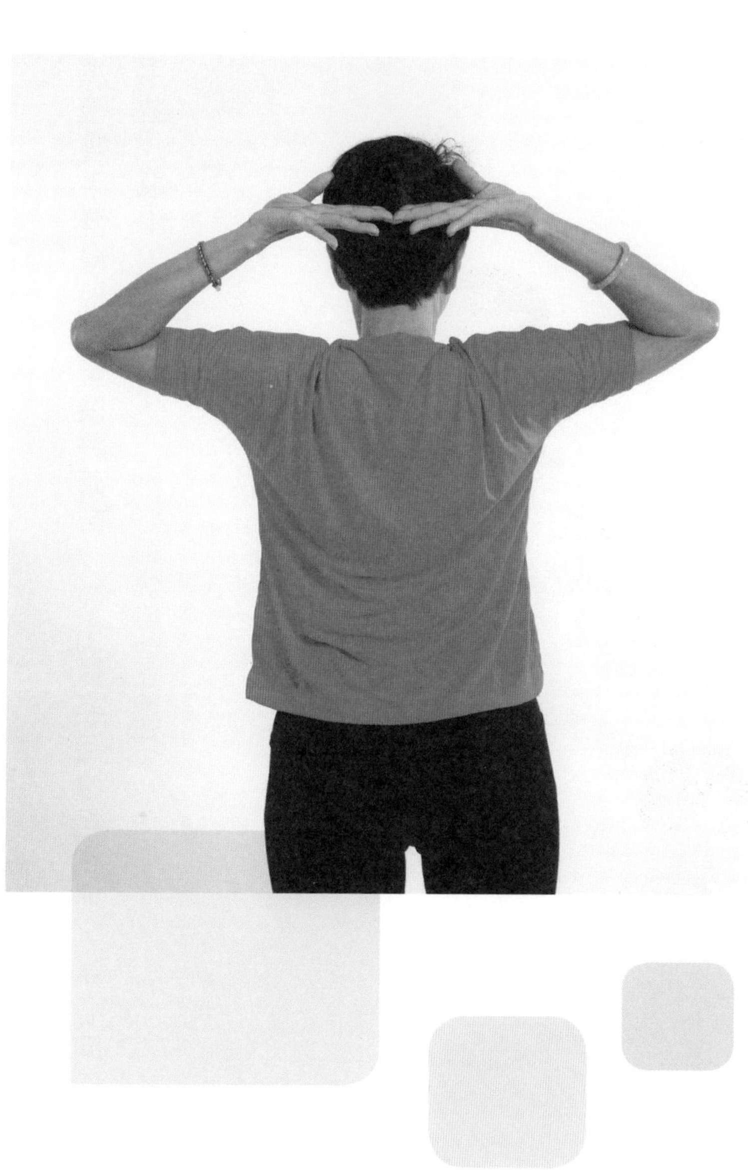

2

再把雙手拉至後腦，兩手指尖對指尖，此時會感到胸骨向前打開，至肩膊均有拉扯的感覺，保持這個姿勢十秒。做這個動作時必須保持掌心向上。

❸ 然後雙手慢慢放下至肩膊兩旁，最後雙手回中至胸前，掌心向下慢慢垂下兩手並呼氣落。共做四次。可於早晚練習此式。

肩頸舒緩第三式

左右鐘擺手

1 企直站穩，重心放於雙腿。

2 先放鬆兩肩，手背向天，左右手一前一後、如鐘擺搖擺。

3 注意舉高或往後擺時，盡量讓雙手拉至極致，做五至十分鐘。

功效

以上數個式子可以訓練肩頸部分的靈活度、拉鬆背部，減緩酸痛。長久維持同一個姿勢，或錯誤運用肌肉動作，有機會傷及全身的筋骨，也會引起坐骨神經痛等毛病，甚至會出現關節痛及肥胖等問題；如頸椎錯位，更有機會引致椎動脈壓迫，導致腦部供血不足，腦部缺氧，引起頭暈、頭痛等症狀，而頸椎上面是接近手部神經，會影響肩膊、手肘、手臂及手指，因此當頸椎有問題，手部也會麻痺，出現無力的情況。

小貼士

所謂預防勝於治療，要杜絕頸肩痛，只要改變平日生活習慣已大有不同。

例如：

1. 保持正確姿勢，不要做低頭族，因為頸彎得愈低，頸椎承受的重量愈大，引致頸椎勞損及加速退化，改變原有的生理弧度，增加頸椎間盤突出的機會。

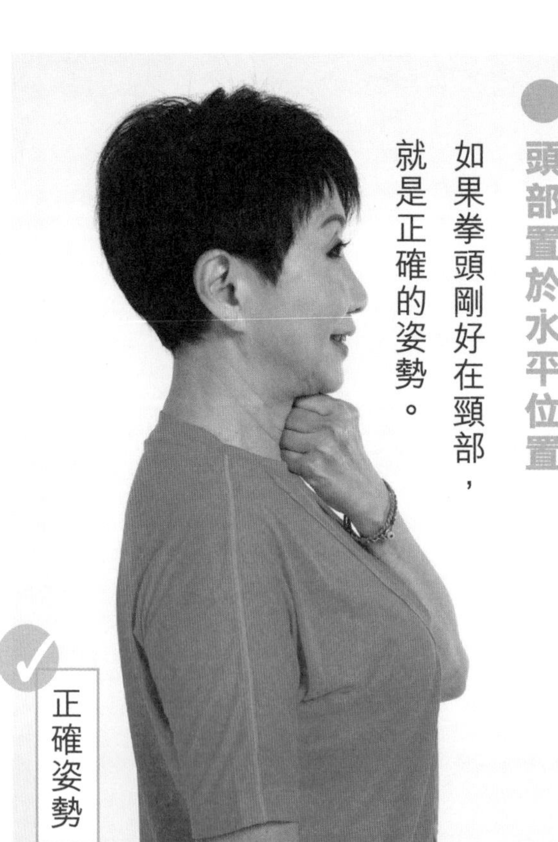

頭部置於水平位置

如果拳頭剛好在頸部，就是正確的姿勢。

2

如果頭部向上或向下，都對頸椎構成傷害。

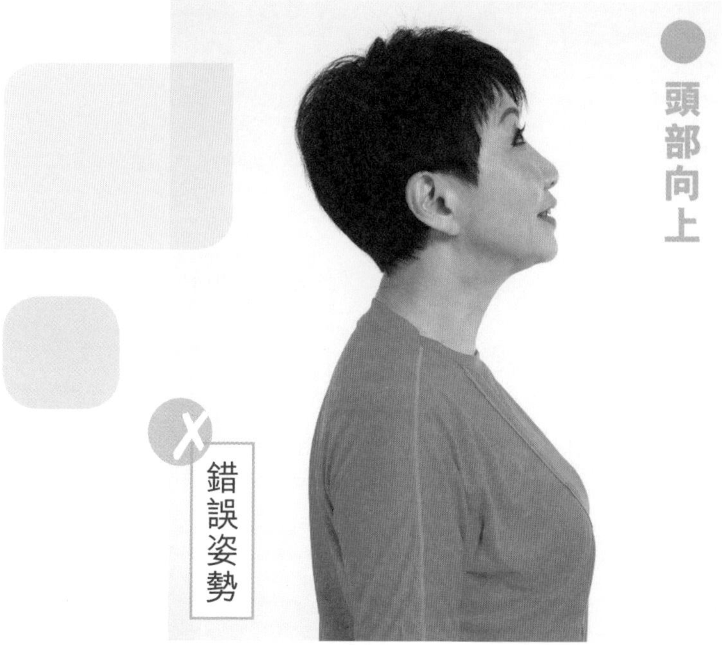

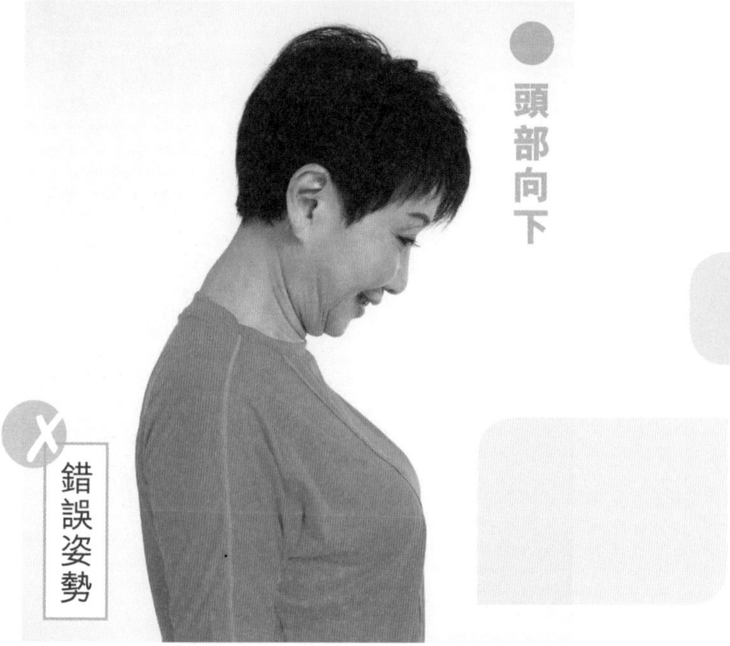

頭部向下

錯誤姿勢

頸肩部保暖

❸ 讓頸肩部保暖，避免冷風直吹。

❹ 注意工作環境，選擇適合的桌椅，電腦顯示屏放置的高度應為平視的焦點。

❺ 經常提醒自己，每隔一段時間便要轉換動作或伸展一下，以舒緩肌肉筋腱，避免過於繃緊。即使工作再忙，對著電子產品太久，應每一至兩小時進行伸展運動。

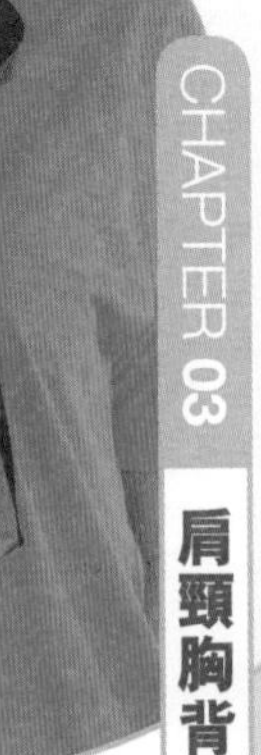

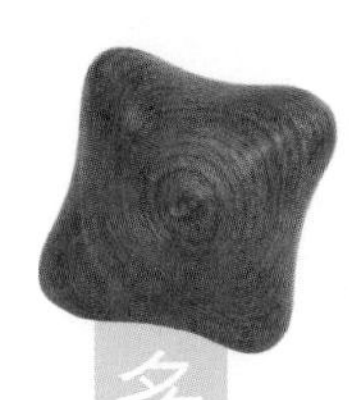

多角形木珠

穴位按摩

身上每個地方都有穴位，就連腳底都一樣，針對肩頸的穴位，可以按腳底足太陽膀胱經的束骨和足通谷，還有足少陽膽經的肩井（注意：此穴位孕婦忌用），這些穴位都有利項背之效。

腳掌外側

束骨

足通谷

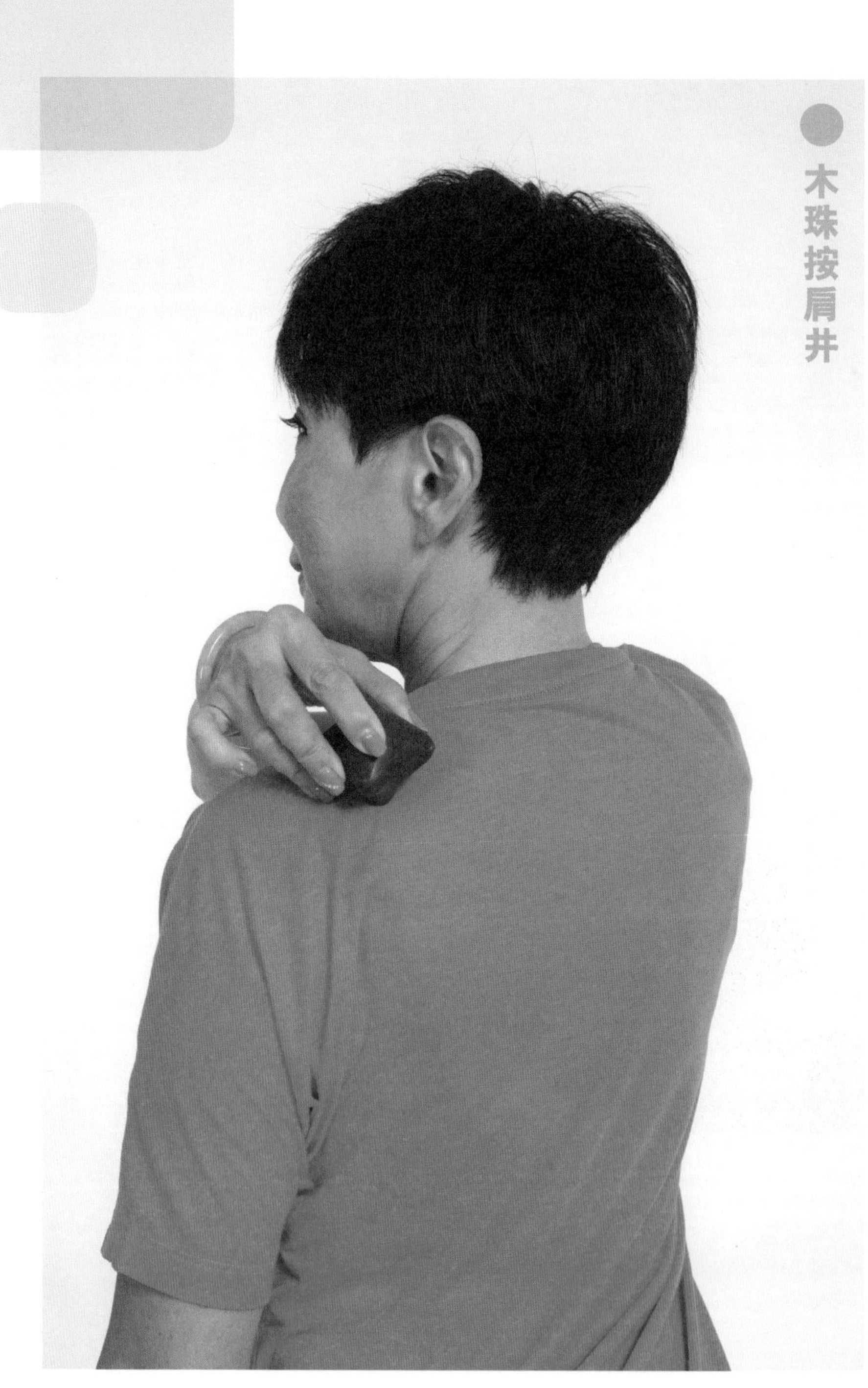

木珠按肩井

胸腔篇

乳腺增生是常見的乳房問題之一，通常出現於二十至四十五歲女性身上，許多人誤解為一種疾病，甚至誤以為會增加患乳癌的風險，其實是正常的乳房生理變化，原因是管壁細胞增生，當中產生酵素而產生痛楚。乳腺增生常見徵狀有經前乳房疼痛、腫脹。除了痛之外，乳腺分泌亦會增加，乳頭有透明、淡白色等的分泌物，甚至形成水泡，出現水囊或硬塊。

從中醫角度，乳腺增生稱為「乳癖」，跟肝脾腎臟腑失調有關。當有壓力、緊張、過勞等，情緒難以抒發，鬱滯於體內易損傷肝臟。脾臟本身負責運化水液與營養，當疏洩功能失常，導致肝氣鬱結；水濕停聚於體內化成痰，痰濕積累，氣血不順，堵塞在胸部，形成乳房腫塊。

另外，腎主藏精，若過勞、熬夜、情緒不穩，以致腎精虧少，令肝臟失去滋養；或過度進食肥膩煎炸食物，再加上肝血不足，日子一久便化為肝火，繼而聚化成痰，也會阻塞乳房經絡，因而導致凝塊。

護胸第一式　捏腋下淋巴

❶ 舉起左手，右手按著左邊腋下，放下左手，右手用力捏腋下肉團，此為淋巴位置。

❷ 轉換手做同樣動作，每邊做五至十分鐘。此為三陰經通往心臟，對心臟健康有一定的幫助。

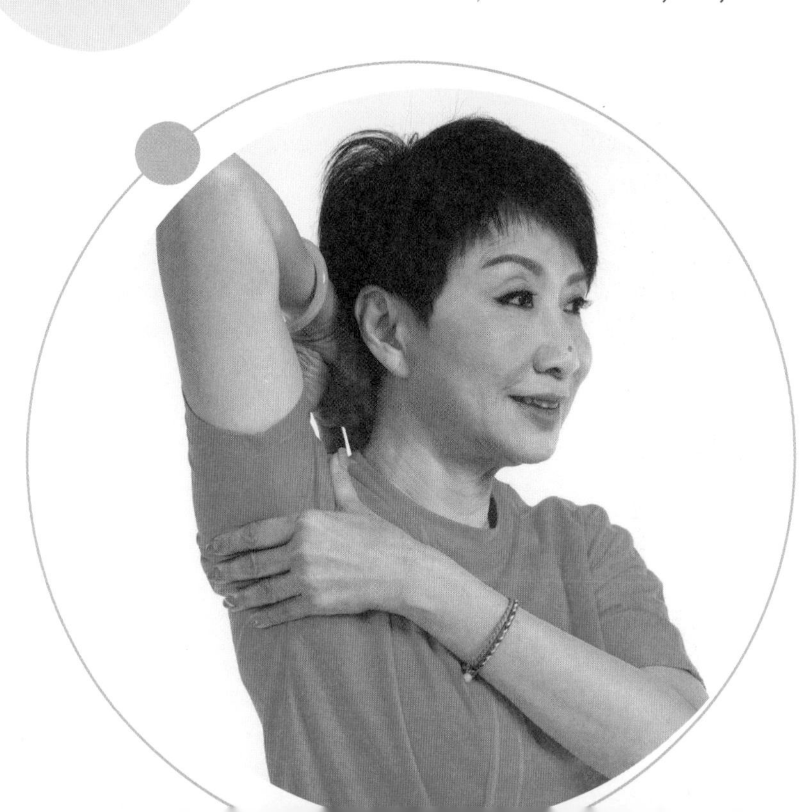

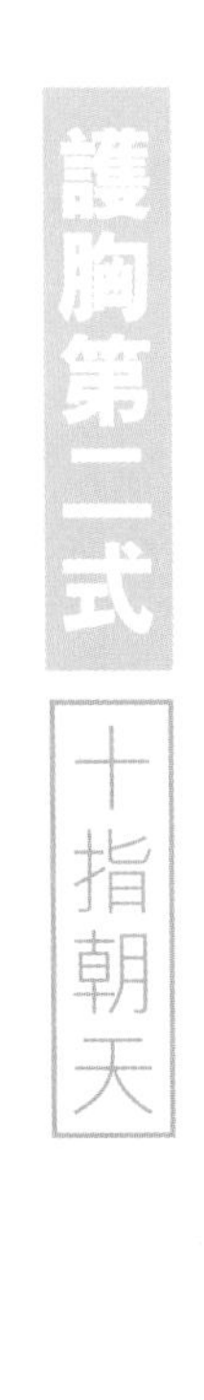

護胸第二式 十指朝天

❶ 舉高雙手指向天，向上盡量伸展。

❷ 伸展至極之時保持姿勢二十秒，一共做四次。

護胸第三式

開膏肓穴

1. 雙手向後，兩手手掌互相扣緊。
2. 盡量向上拉提，拉提至極之時保持姿勢二十秒，一共做四次。

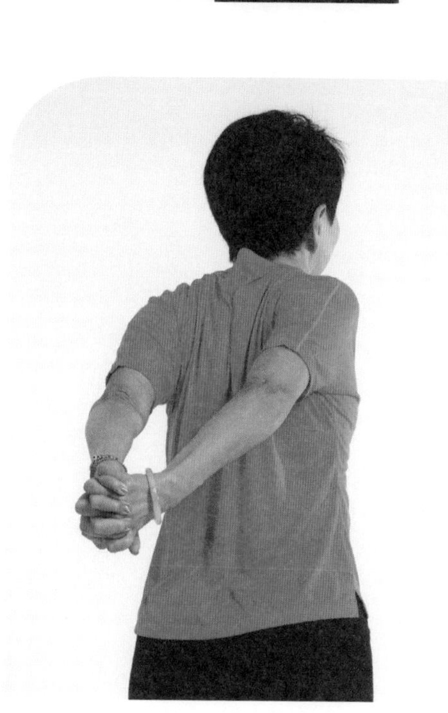

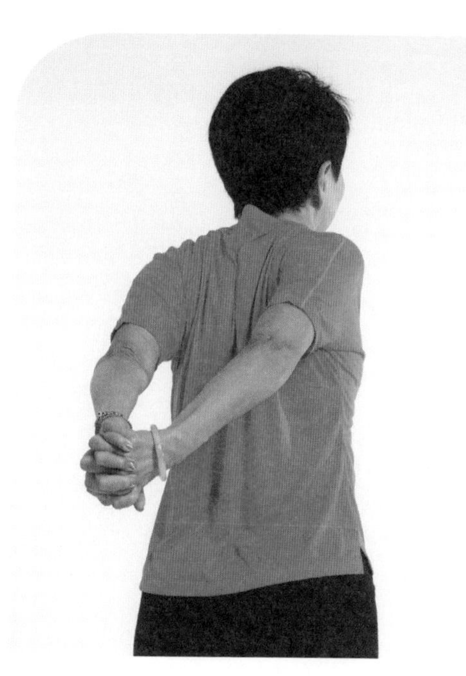

護胸第四式

掉報紙

❶ 右手伸直向前舉起至肩膊一樣高度，前臂向身體方向屈曲至九十度。

❷ 右手利用手踭的力慢慢向上提升至後腦的四吋距離；當手向上提升時要挺胸收腹。

3 不要鎖喉、不要望地，當手向上舉時，手踭的位置在頭頂後面。

4 再盡量向左方伸展，約停留二十秒，之後將手慢慢向前放下。

5 左右手輪流做十次為之一組，每日早晚可各做一至兩組。

注意：動作要慢，讓身體多個部位能夠得以修復和放鬆。

功效

乳腺增生患者可以多做運動疏通肝氣，護胸式子有助血氣循環，排走體內毒素，針對乳腺增生、腋底淋巴、腺體、乳房水囊等問題。也有研究發現，咖啡因可以增加乳腺痛，咖啡、朱古力、茶、可樂等都含有咖啡因，病人停止或減少進食此類食物。而中醫亦建議避免進食雪蛤膏、蜂皇漿、奶製品、燕窩等雌激素高的食物，因為這些食物都會令肝鬱情況愈來愈嚴重。而壓力、精神緊張也是乳腺增生成因之一，所以多做運動或練習以上式子也有減壓的作用。

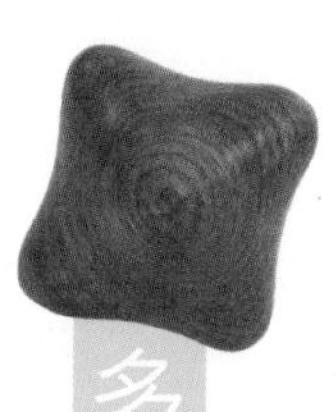

多角形木珠

穴位按摩

有關於胸腔健康的範疇很大，開胸、通乳、理氣等，都與這個部分有關，有時候需要按摩多條經絡或穴位，才能針對問題作出治療。

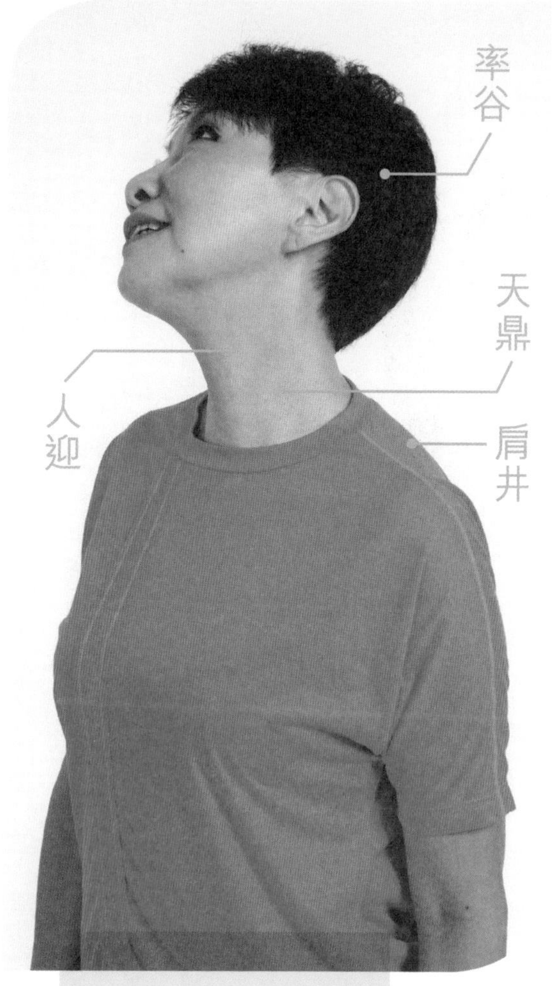

需要平喘、理氣降痰、止咳，可按足陽明胃經的人迎、足少陽膽經的率谷，還有肩井、手太陰肺經的經渠、太淵和手厥陰心包經的間使等位置。想利胸膈和開胸的，就可以按手陽明大腸經的天鼎、手少陽三焦經的支溝，以及手厥陰心包經的天池、天泉和大陵等穴位。而手太陽小腸經的少澤則有通乳之效。針對所需，必須先找出適當的經絡和穴位。

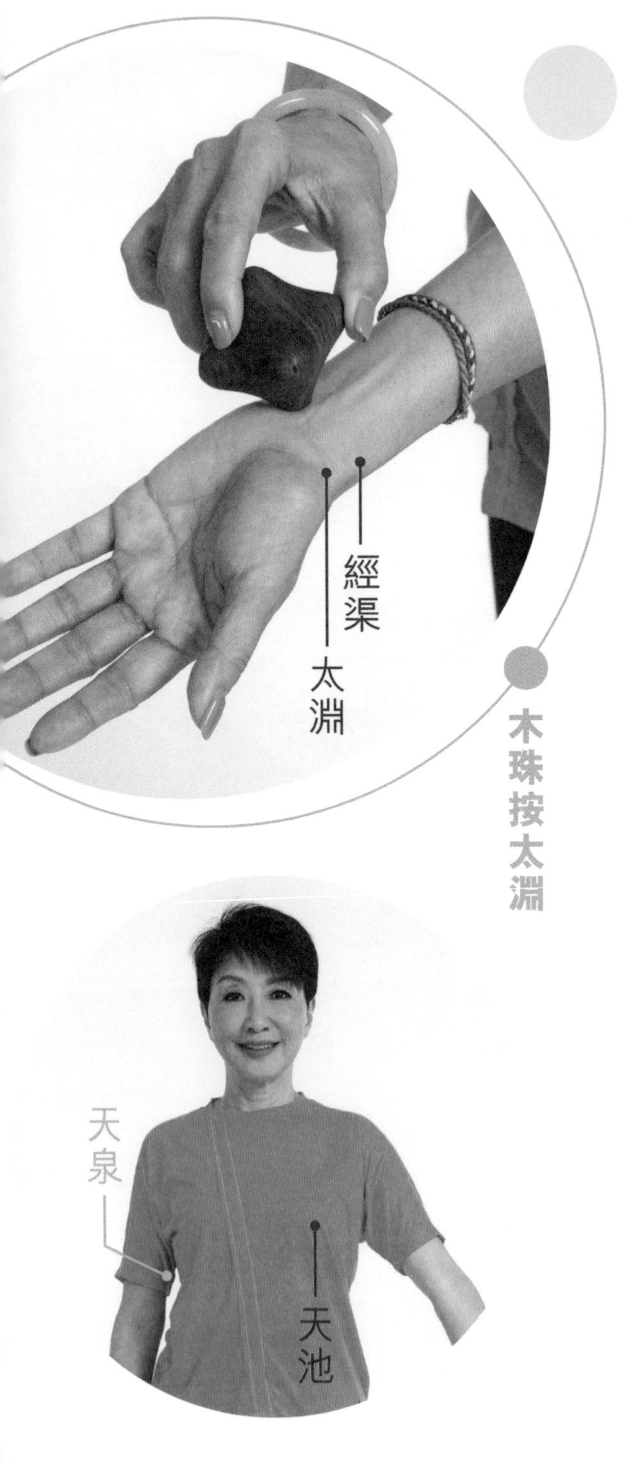

木珠按太淵

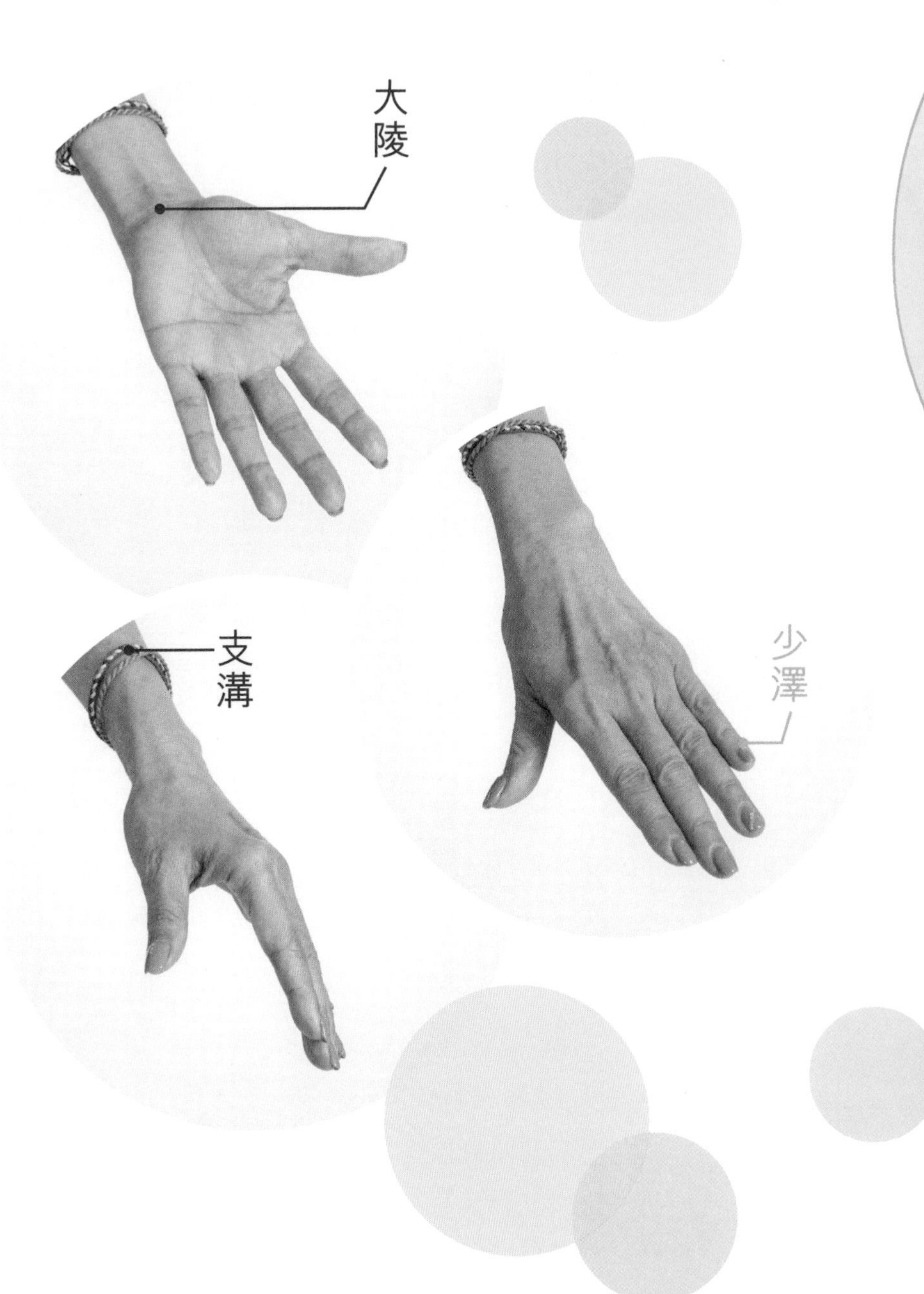
大陵
支溝
少澤

都已經跟老師學習養生健絡功一段時間，直至二〇一九年初做身體檢查的時候，從X光片發現乳房有水囊及子宮有瘜肉，醫生建議半年後再檢查乳房，而且為安全起見最好做手術切除子宮瘜肉。其間也有看過中醫，醫師同意做切除手術比較安全。回去後，我把我的情況告訴老師，老師便教了我一些針對這個病況的式子。

之後每次月經痛來時，便做「派報紙」這個動作和揑通腋下淋巴，不但舒緩了乳房脹痛的問題，最近也再沒有出現痛楚，至於乳房的水囊也消失了。至於乳腺增生，醫生診斷是正常的乳腺增生，不是大問題。

到了六月時，為了準備做手術而再照X光，醫生話神奇地發現瘜肉消失了，不用做手術，於是好開心向老師報喜。當初我是練習養生健絡功的「大爺行路」這個式子，想不到因此而令到子宮瘜肉消失，對於我來說真是天大的喜訊。

學員亞霞

學員分享 

自二〇一七年開始便跟Mona老師學習養生健絡功。到了二〇一八年二月的時候，醫生告訴説我因為血壓不穩，所以做運動心電圖作詳細分析，發現心臟由於缺血、缺氧而發大，令到心臟血管收窄，導致血壓高，升到179/95，膽固醇也超標一些。最後醫生開了降血壓、擴張血管和降膽固醇的藥給我。不過醫生也強調及建議做多些運動可以降血壓、降膽固醇。本來很抗拒西藥的我，決定用運動來救自己。

每天早上努力練功，全套二十六式中，一共做了當中的十七式，當中某些動作對心肺呼吸有幫助，另外還有練習「大鵬展翅」這個式子。結果在一個月後，血壓明顯有改善，由179/95降到108/62，成績驚人，就連醫生開給我的新藥半粒也沒吃過。

現在行樓梯都可以面也不紅，氣不喘，輕輕鬆鬆地一口氣走上去，胸口再沒有被堵住、很不舒服的感覺了。我很幸運學會了一套改善健康的最好運動，那就是養生健絡功，感謝Mona老師無私的教導，令我受益無窮。

澳洲 fans Maggie

學員分享 3

在二〇一八年六月，開始感到胃部不適，被轉介到腸胃科看醫生。到醫院照胃鏡，發現賁門比正常人係不同，天生比平常人的較為鬆弛，引致容易胃酸倒流，醫生說：「解決這個情況只有兩個方法：一個是做手術，另一個是利用藥物控制胃酸。」之後連續吃了四個月胃酸倒流藥都沒有好轉。每當吃完飯後都會嘔吐，嘔至流眼淚水，而睡覺時用兩個頭墊着也沒有用，還要起身喝水。

醫生見到這個情況再轉介至呼吸系統科，同時因為胃酸倒流引致氣管收窄，過了好一段時間又需要轉介到耳鼻喉科，抽取了鼻內組織去化驗，雖然沒壞細胞，但輾轉間都沒有好轉的情況。之後再去看中醫，服用了八個月中藥，病情確實開始好轉，不過停藥三個月後，又重新出現胃酸倒流的情況。

之後我再找另一個腸胃科醫生檢查身體，除了照胃鏡，還測試了睡眠窒息症，報告結果顯示不但有胃酸倒流，而且患有嚴重的睡眠窒息症，每晚可以停止呼吸約三十次，睡覺時需要使用呼吸機。就在二〇一九年一月買了呼吸機，同時，也開始跟老師學習養生健絡功。

不過自從跟老師學習養生健絡功之後，逐漸好轉直至再沒有吃藥，現在已再沒有需要吃藥控制胃酸，或只有間中感到不適才吃一粒。其中有一式跟老師學的叫做「大爺行路」，做過後感到對胃部有所幫助，最初做的時候也有痛的感覺，直到現在才知道有這麼好的效果。其實這個胃酸倒流之前已困擾了我四年多，只花上半年的時間就能解決到胃酸倒流的問題，以往不能吃的食物，例如蕃茄、橙等，現在都可以吃了。

另一方面，雖然有了呼吸機，但戴着它的感覺十分難受，每晚只睡了個多小時便會醒來，所以大約用了一個月後再沒有使用。不過自從學了舌頭操，睡眠質素已大有改善，每晚可以睡足五至六小時，在此非常感謝老師把我這兩個病都醫好！

學員 Joanne

學員分享 4

自小便體弱多病，患過軟骨病、子宮肌瘤、胃酸倒流等等問題。而且手腳和腋下的皮膚都是潰爛，中西醫都看過了，醫生診斷為免疫力低而出現這種病況，用了藥膏也沒有用。後來朋友介紹下認識了Mona老師，並學習如何按壓十宣穴和八邪穴，大約個多月後開始好過來，再沒有出水的情況。

除了皮膚問題，自十多歲開始便有經痛，已經很多年了，每一次都要打針止痛，來經的那幾天痛得不能走動。而中醫說因為我是寒底，所以肚子時常都是冰冷的，並且脾虛。後來Mona老師教導了「大爺行路」、其姊妹動作和「掉報紙」這幾個式子，每日早上都做兩至三個小時，四個月後不但沒有經痛，子宮肌瘤沒有了，胃酸倒流和頸椎炎也痊癒了，這幾個月來都沒再有以上的問題了，中醫說脈象和脾臟也好了很多。

學員斌斌

學員分享 5

提早退休的我，之前在銀行任職已經有三十年，由於工作比較繁忙，壓力大，食無定時，所以經常會有便秘，這個問題困擾了我很多年。

在二〇〇六年第一次照大腸鏡的時候，發現入面有瘜肉，而且需要割除。由於便秘的情況未能改善，分別於二〇一〇年及二〇一四年再照大腸鏡，每次都需要割除瘜肉。其實這個問題，有許多都市人都被受困擾。

自從二〇一六年有緣認識Mona老師，跟著老師勤力練習養生健絡功，其中那個動作「大爺行路」能夠幫助腸臟蠕動，非常有效，令到便秘問題得以改善。到了二〇一七年，那是第四次照大腸鏡，出奇地一粒瘜肉都沒有，真的令我喜出望外，而且排期到二〇二四年才需要再照大腸鏡，老師也為我而感到開心。

其實「大爺行路」及其加強版的動作，不但能夠幫助內臟、腸臟蠕動，之前有同學分享過，她的子宮瘜肉因為這個式子而能夠消失了。

現時好開心能夠成為「守護天使」之一，每星期最少四日到不同場地上堂，生活既充實又有意義。老師時常對我們説要處理我們自己事情先來上堂，始終是義工啊！但我都會盡量分配時間來，爭取多些機會做運動，讓身體變得更好。老師教我們拉筋、鬆筋，令身體有問題部位慢慢得以放鬆、修復，也令我腳部舊患得以舒緩，多謝老師。

現在越來越多人跟著Mona老師練習，當中包括不同國家的海外人士，又見証好多同學、老友記的分享，還有些同學的身體狀況奇蹟地有明顯好轉，真的好感動，實在令人振奮。老師最開心、最欣慰能夠有更加多人受惠，變得健康、快樂。真的感恩有Mona老師。

老師說得對：我們把運動放於日常生活中，多做運動，只要不放棄自己，為身體健康加油。活得開心、自在。

我今日笑了！您們笑了沒有？祝大家身體健康。

學員 Alda

學員分享 

從小到大以樂天性格開心笑迎接每一天，所以別名經常都圍繞著亞笑、甜甜、開心果，而近期新稱呼是六十磅。

就在十多年前，病魔降臨於我的身上，當時青春活力的我證實患上骨骼提早退化。初時，每天使用直傘輔助步行大約五至十五分鐘，接著不能走動，需要站著休息十五至三十分鐘，然後再繼續向前走下一步。其後，當適應了這個病，活動量也減少了，亦不能拿重物件，逛街購物不能多於一小時。直到二〇一四年，病情更為嚴重，舉步維艱。

尋求過家庭醫生、政府骨科醫生、私家或政府物理治療師醫治，當中政府治療師曾說不能百分之百完全康復，只能到此為止，每次都需要靠吃止痛藥舒緩痛楚，好讓走路時也走得舒服一點，不過都只能幫助到當時一刻的舒緩。亦曾經嘗試水療、按摩推拿、針灸和氣功等，最終讓我找到真正適合的運動，那就是養生健絡功，與它結緣於一個電視節目《東張西望》。

就在二〇一七年，當時已學習氣功近年半了，它只改善我的呼吸和運氣暢順，於是不斷尋覓不同運動，希望身體健康，改善腳麻痺及腰腳痛。在七月的一個晚上，正在廚房煮食中，聽到電視機播出微弱獅吼的練習「哈」聲。其後，便不斷尋找甚麼是獅吼功，終於在Facebook尋覓到Mona老師了。那時我只希望能改善腳麻痺及腰腳痛，讓身體安康。

而胖胖的我在二〇一七年八月開始到沙田跟老師練習，初期每個動作都很笨拙，特別是首兩個月，做動作時五臟六腑都感到繃緊酸痛。由於當時至去年工作都經常忙碌，因此，只是抱著順其自然的平常心，逢星期六到沙田鍛鍊養生健絡功。

某天，老師教了一個新動作，做完這個動作後，隨即沒有五十肩的痛楚。另外，在二〇一八年農曆新年期間，首次檢查了腸胃，發現了腸瘜肉並需要割除，同時發現有膽石，不過無需做手術。醫生叮囑過需要改變飲食習慣，假如感覺劇烈痛，便立即前往任何一間醫院做手術取出膽石。

但因為工作太忙，直到五月才開始正視健康問題，並轉變飲食習慣。繁忙之下並非能每天做運動，所以每當有閒餘時間，例如在車程中做手部運動；午膳時，騰空三十至四十分鐘做些簡單的健絡功，然後進餐；準時下班後，利用二至三小時在屋苑內的公園做整套健絡功；放年假期間，利用早、午和晚的時間，各做一次健絡功，當時最高運動量為每日六小時。

直至二〇一八年八月，忽然很多朋友和同事都說我纖瘦了。二〇一九年年初，定期到不同的醫生那邊覆診，醫生和護士第一時間對我說：「恭喜你！你清減了很多！」他們又問我如何變得纖瘦。我笑說：「因為我跟隨Mona老師做養生健絡功和轉變了飲食習慣。」

我的身體、家人、朋友、同事及認識我的人在這段期間給我最大的迴響是煥然一新，判若兩人。其後走上磅上，發現減了六十磅，但之前的磅數已經不是最高峰時的重量，那豈不是不只減了六十磅！對一個胖妞而言，是一個無限意外的驚喜。

直到今天，我與老師、天使及學員一起共渡了兩年歡樂時光。我現在每天懷著兩種開心心境：一種是昔日的開心果，另一種是全新、奇妙又喜悅的心，在人生路上歡欣地前行。修復的身體不但清減了許多，甚至一些數年以至二十年的健康問題和病痛都減輕或消失了，例如五十肩、鼻敏感、半夜睡覺時的腳抽筋、腳痺等等，血壓變得正常，身體也靈活了，不像從前那麼容易跌倒。

現在繼續恆心地練習養生健絡，真期望未來再有驚喜：可以減輕和解決身上其他的病痛問題。

感恩可以認識到老師，無限感謝老師綜合多年來累積不同運動精髓，更敬佩Mona老師的大慈愛和一群擁有仁愛精神的守護天使，你們無私奉獻，免費義教，以人為本，樂於助人，造福社群。

祝
養生健絡廣為人知
聞名老師如雷貫耳
桃李滿門遍布角落
一紙風行世界各地

學員Amy

腰背篇

脊椎是人體的第二生命線，是非常之重要。脊椎由三十三塊椎骨組合，脊椎的骨與骨之間有一塊軟組織就是「椎間盤」，椎間盤連結椎骨而成脊椎。都市人很多都有腰背痛的問題，跟脊椎不無關係。腰背痛可分急性及慢性兩種：急性腰背痛的常見成因包括姿勢不良、創傷、肥胖、骨質疏鬆症等。突然的動作也可能導致肌肉過度伸展，以致背肌負荷過重，肌肉來不及正確地收縮去保護脊椎，肌肉和韌帶過度伸展或撕裂。而椎間盤的作用有如氣墊，可作緩衝身體活動時所產生的壓力，如果椎間盤因以上問題嚴重受壓，很容易出現椎間盤突出，患者會感到肩頸部位僵硬及酸痛，嚴重者更會出現麻痺無力的情況。

慢性腰背痛的成因是累積性損傷，病因多為長期姿勢欠佳、經常需要負重物、年紀大，腰椎逐漸退化。長期姿勢不正確，導致脊骨錯位，此位置壓著神經線以致腰背痛，影響四肢的活動能力，患者行路或站立太久便會覺得腰部酸痛無力。

腰背痛也可能是因為關節性問題，脊椎上的小關節若有問題，例如創傷性關節受損、強直性脊椎炎等，亦會感到腰背疼痛，患者稍有動作都會聽到關節「咯咯」聲；到晚上睡覺時關節靜止不動，第二天起床時便會特別僵硬，但稍作活動後便會放鬆。

還有骨質增生，或椎管內腫瘤壓近坐骨神經而引起椎間盤突出，都會引起腰背痛，行樓梯、跑步、拿重物等負重動作和運動的時候，重量壓在椎間盤，患者會感到如觸電、針拮的痛楚感覺，令人坐立不安。

也有不少人需要面對坐骨神經痛，所謂坐骨神經痛就是由下腰至臀部，以及腿部後方較大的坐骨神經產生麻刺痛楚感、麻痺，甚至無力，有時候咳嗽或打噴嚏都會令症狀加劇。成因包括椎間盤退化症、肌肉勞損、脊椎腫瘤、腰椎管狹窄症等等。無論是椎間盤突出或是坐骨神經痛不但令人感到不舒服，對日常生活都帶來極度的不方便，所以腰背痛絕對不容忽視。

強腰護脊第一式 大象行路

1 先挺腰站立，重心落在雙腳站穩，然後慢慢向前彎腰，直至雙手可以平穩接觸地面。

❷ 確定身體平衡穩固時，像大象一樣以四肢行走。

❸ 左右一步為一回，做二十回，次數可隨時間適應而慢慢增加。

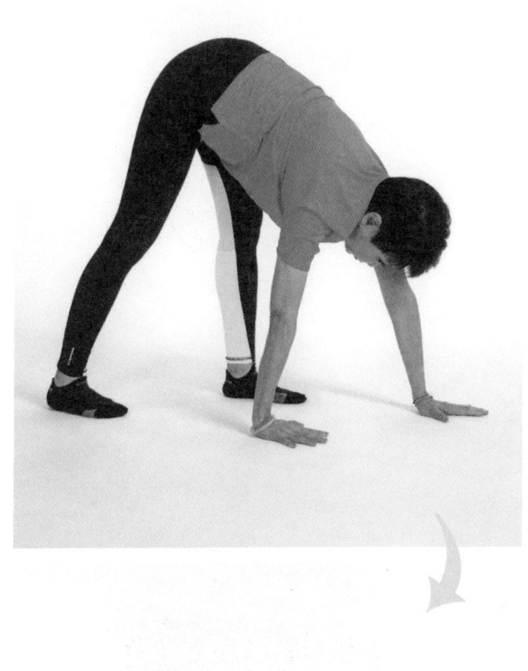

注意：如感到頭暈、血壓高者不適宜做此式子。

強腰護脊第二式

武大郎行路

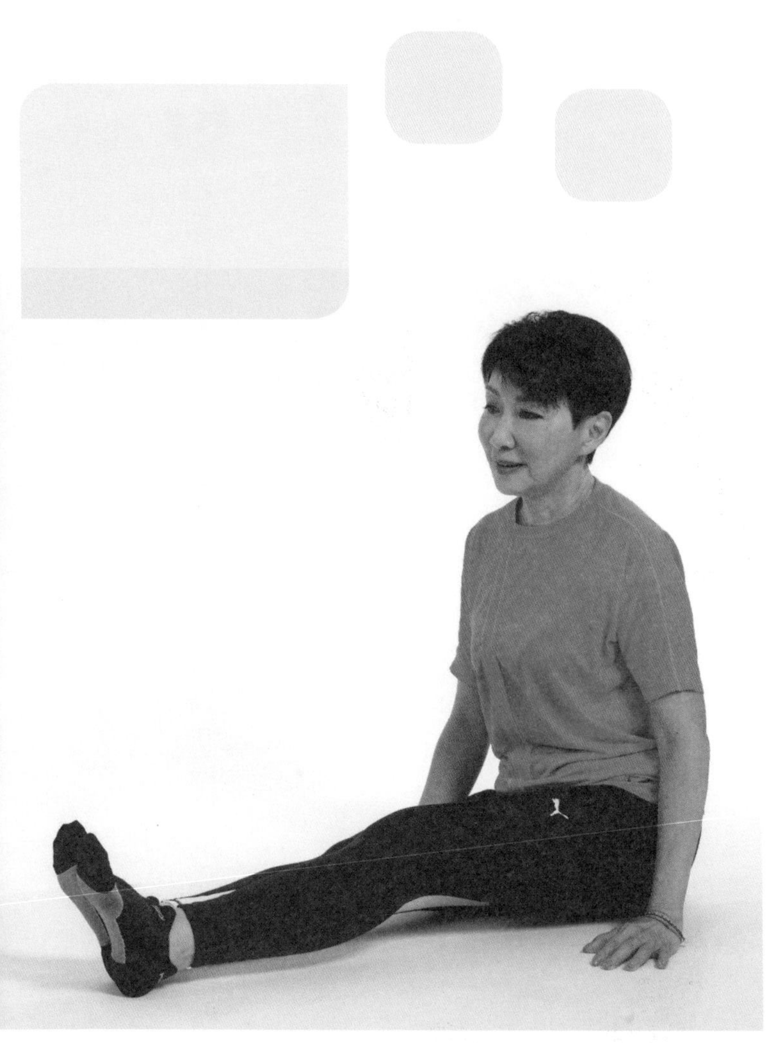

1 坐在地上，雙腳合攏平放，挺腰。

2 利用腰臀力量向前移動，做五分鐘。

3 此動作可強化腰臀肌肉。

針對腰椎問題強力推薦。

向前移動

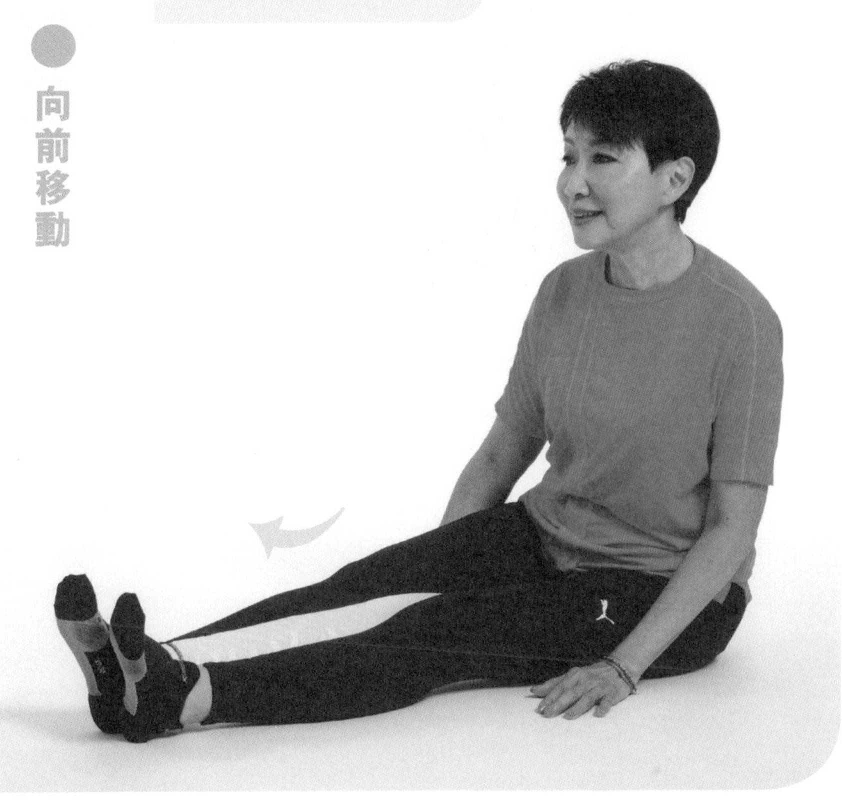

強腰護脊第三式

傳功課

1 找有椅背的椅子輔助，坐直，腳掌貼地，下身至腳掌不動。

2 左手放在椅背後，由腰及右手帶動上身，慢慢向左轉，停留十至三十秒。

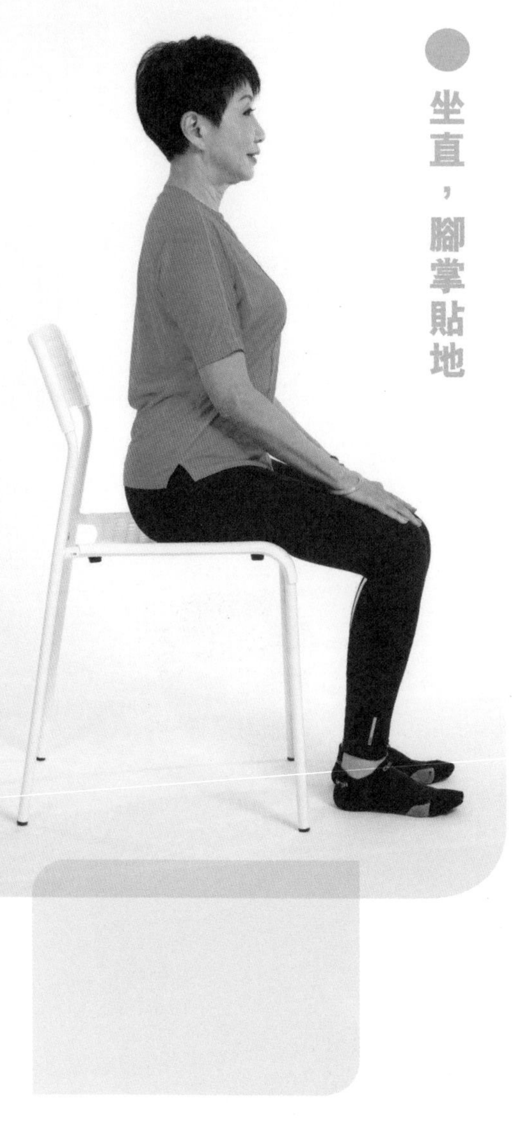

● 坐直，腳掌貼地

❸ 上身慢慢轉回正中，再向右邊作同樣動作。

❹ 左右各一次為一回，至少做四回。適宜早晚各做一次。如有需要，可多做幾回。

除強腰護脊外，同時亦對內臟修補極之有效。

強腰護脊第四式

雙膝伸展

躺在地上，將雙膝拉至緊貼胸口，並保持伸展姿勢二十秒。

強腰護脊第五式 背貼地

躺在地上，雙腳屈曲腳掌貼地，然後用腹部的力量讓背部緊貼地面，保持十秒，練習十次。

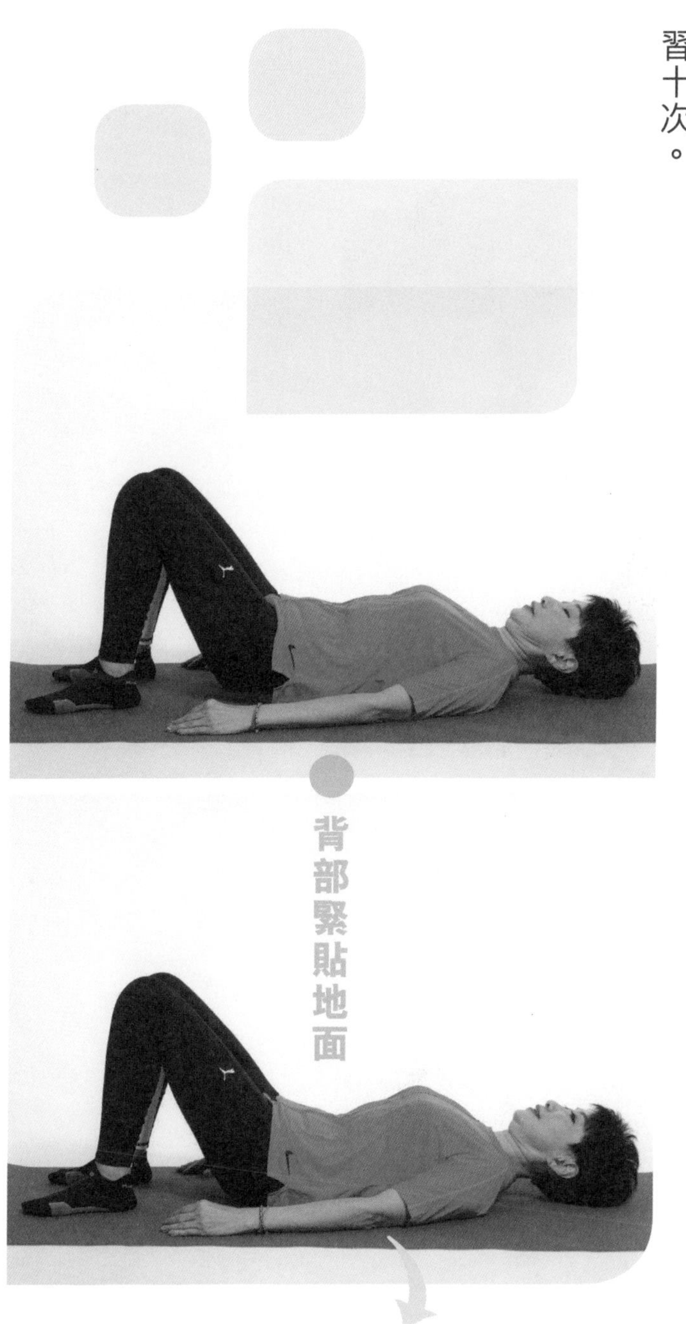

強腰護脊第六式

仰睡扭扭樂

1 大字形躺在地上，雙腳屈曲腳掌貼地，雙手向左右兩邊伸展，並與背脊一同緊貼地面不動。

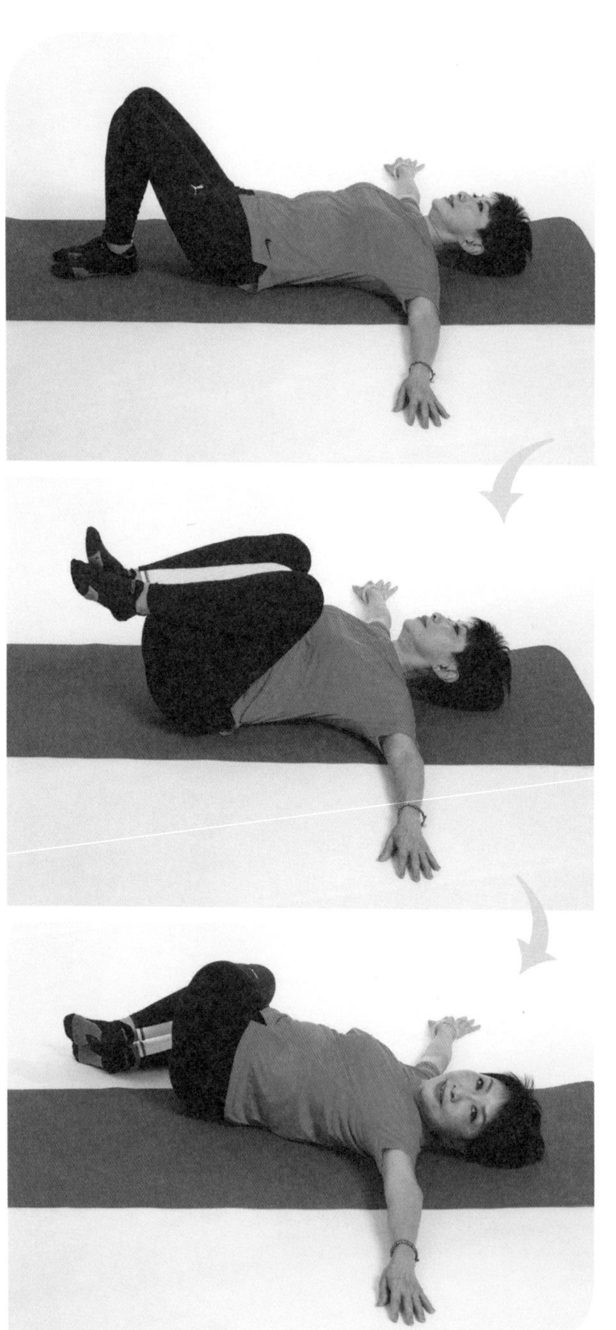

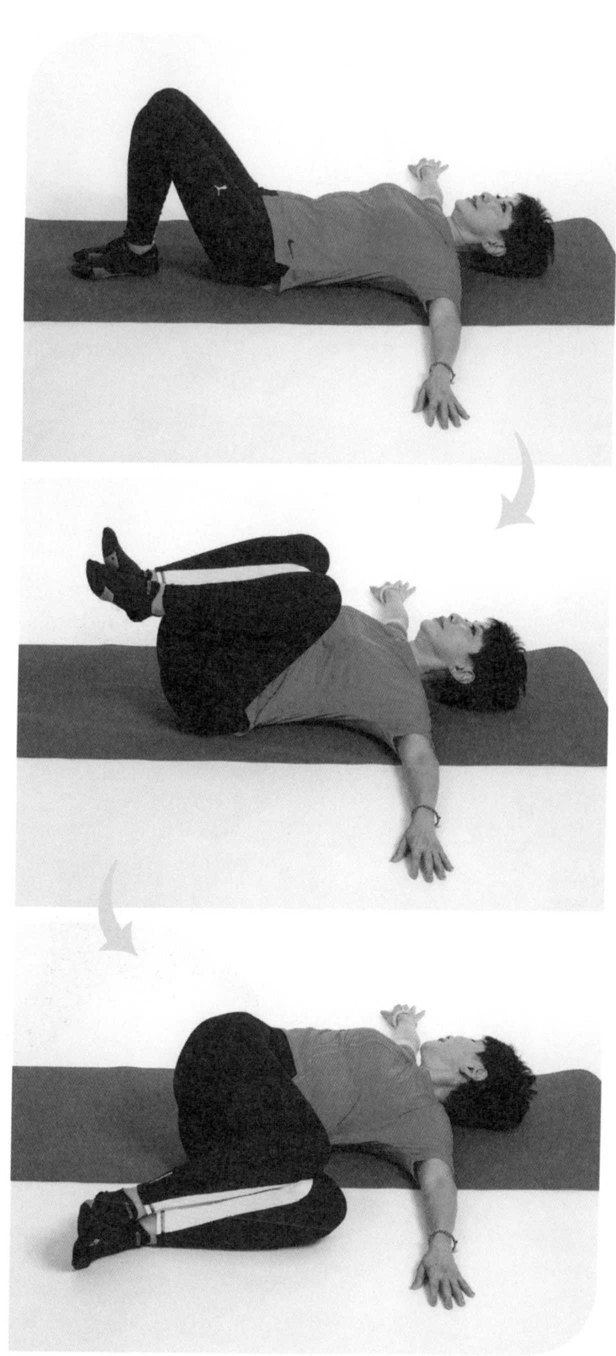

2 慢慢把雙腳九十度平舉，向右扭腰，停留二十秒或以上。

3 然後放鬆，回復腳掌貼地姿勢，再慢慢向左面做同樣動作。

4 左右一次為一回，共做四回。

強腰護脊第七式

前弓後箭坐馬

1. 雙手扶著椅子或桌子作輔助，先把左腳踏前作弓字步，膝蓋不可超過腳尖。
2. 後腿伸直，腳掌貼地，上身必須挺直，保持姿勢二十秒。
3. 左右各做一次為一組，每次四組。當髖膝關節放鬆後，可以延長時間。

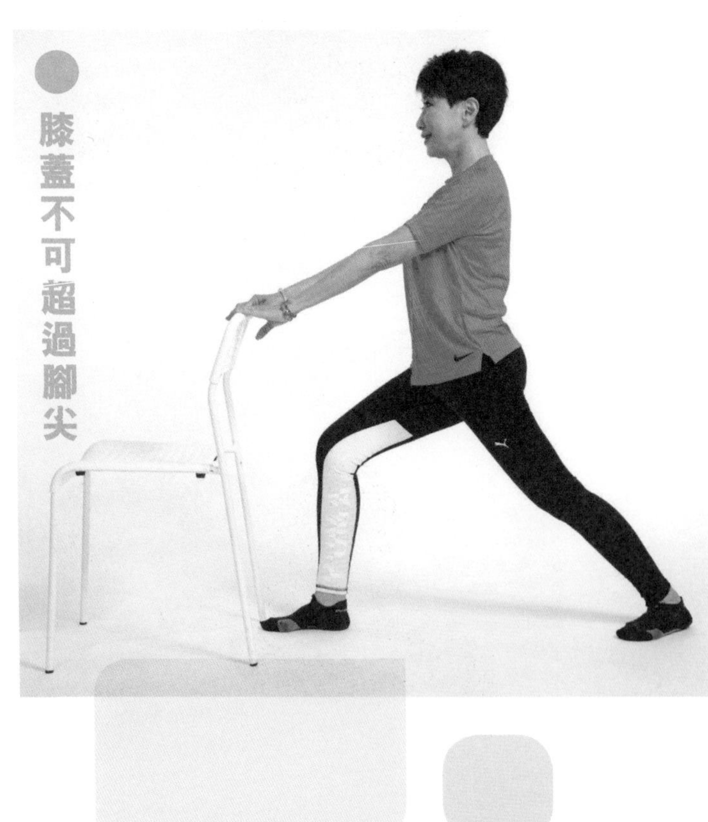

功效

以上數個式子除了強腰護脊之外，還有助治盆骨前傾的問題，睡前做第六式更可放鬆腰部及寬關節部位；而第三式更對於胃痛、胃酸倒流、便秘、腸瘜肉、腎虛等有幫助。其實脊椎對內臟、交感神經有很大的影響，如第二至五節與心肺胸有關，胃、肝跟第五至十一節有關，脊椎二側的膀胱經是排毒的主要通道。脊椎不適可以造成很多不便，甚至引伸其他的疾病和身體問題，包括癱瘓、腰肌勞損、子宮肌瘤、內分泌失調、更年期綜合症、不孕等等。既然問題可大可小，脊椎問題所致的腰背痛更不容忽視。

小貼士

很多人都知道，使用背囊比側揹袋對腰脊好，因為可以平衡兩邊肩膊，不過無論揹在前面或後面，也有可能影響身體。有時候怕被人在從後打開背囊盜竊，便會把背囊揹在前面，但如果背囊很沉重和身體疲累時，兩邊肩膊好容易被拉落，身體因而向前傾，令脊椎受損。當揹背囊於後面時，必須緊貼背部，不要讓背囊肩膀帶太鬆而令到背囊下墜，而且必須企直，否則很易令椎間盤突出，選擇背囊時最好後面可以承托起來，脊椎得以支持和保護。而用側揹袋時，不要把背帶調校得太長，因為下墜的手袋容易使肩頸背疲累。揹了一段時間便要轉向另一面，讓兩肩得以平衡。另外，不適合的枕具都會引起韌帶、肌肉張力過大而勞損、椎間盤突出，所以選擇適合的枕頭也是十分重要的，最重要是可承托頸項和頭部重量，還有的是配合頸項的弧度，可讓頸項放鬆，太高或太低的枕頭只會讓肩頸拉緊或承受壓力。

多角形木珠

穴位按摩

無論走路、運動等很多動作都是腰腿同時使用，兩者都有不可分割的連繫，而有很多穴位都對腰腿有幫助，可以多用多角形木珠按摩這些地方，例如足太陽膀胱經的殷門、委中、合陽、承筋、承山、跗陽、崑崙、僕參、申脈、京骨等都有利腰腿和膝的作用；而束骨和足通谷這兩個穴位，就有利項背的功效。大家亦可以用多角形木珠，按摩整條足太陽膀胱經：利用木珠的角由小腿背後、膝蓋後的合陽穴開始，用一點力按下去，並由上而下，推至近足跟位置。

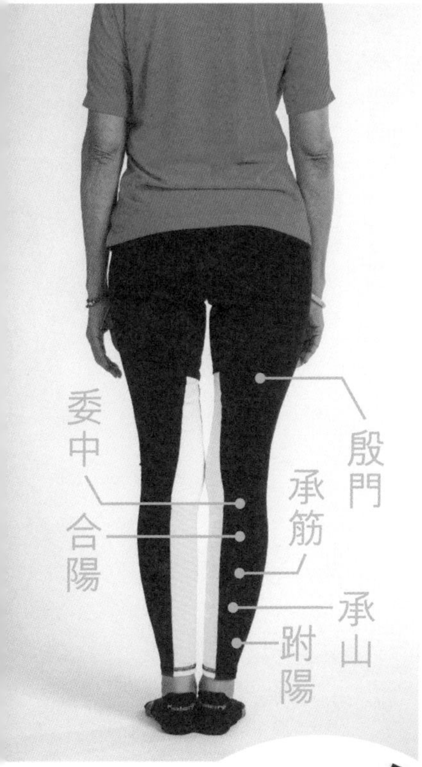

殷門
委中
承筋
合陽
承山
跗陽

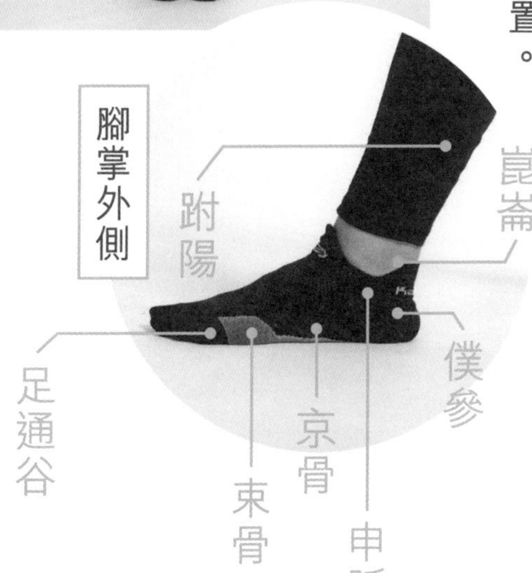

腳掌外側

跗陽
崑崙
僕參
足通谷
京骨
束骨
申脈

學員分享

腰痛問題困擾了我多年，曾經接受過不同中西脊醫的治療，運動創傷醫生也為我診治過，但也未能找出原因。每當病發的時候，早上睡醒，腰部劇痛到不能起牀，轉身彎腰也有困難，穿鞋着襪也要太太幫忙。而看醫生都只是給些止痛藥，通常腰痛會大約持續一星期。

三年前，經太太介紹認識了Mona老師，那時開始跟老師學習養生健絡功，在老師悉心指導下，腰痛逐漸好轉，現時已再沒有病發了，連肩膊的「咯咯」聲也沒有了。

總括而言，自從做了養生健絡功後，身體各方面都比以前健康了很多，在此衷心感謝老師！

學員鄧日強

學員分享 2

我今年只有十七歲，還是一個學生，因為母親跟了Mona老師學習健絡功後，她覺得效果很好，就帶我去一同參加。由於在學業上時常有壓力，感到身心疲累，不過自從做了健絡功後，身體變得好了，因此同時減少了壓力。過往因不良姿勢形成的寒背，也逐漸得到改善，病痛亦減少。雖然只做了兩個多月，每式子的運動都能提高我身體各方面的機能，所以健絡功不一定只適合中年或老年人，青少年都可以練習，為未來的健康打好基礎。

學員Darrell

CHAPTER 04

四肢痛症

手部篇

都市人長時間對著電腦和各式各樣的電子產品，不但造成前幾篇所講的肩頸、腰背痛，經常使用滑鼠或玩手機的時候，有機會患上俗稱滑鼠手的腕管綜合症。除了以上的原因，經常做家務的家庭主婦，從事清潔的人、護士、麵包師傅、搬運工人，因為手腕不斷重複動作，很容易勞損，還有手腕骨折舊患導致腕管變窄、糖尿病患者、因水分積聚以致腕管組織腫脹、類風濕性關節炎等患者等，也較大機會患上此症。

人體手腕的腕管內，由腕橫韌帶和腕骨組成，好像一條狹窄的隧道，裡面有不同的血管、筋腱，以及正中神經線等穿過。而腕管綜合症的成因，是因為手腕關節密

集地活動，腕管筋腱有重複性勞損，引起發炎繼而腫脹，間接地導致壓迫正中神經線，引起神經性的麻痺反應，手部肌肉或腕關節出現麻痺、腫痛、痙攣等，麻痺則集中在正中神經掌控、拇指、食指、中指及一半的無名指，而手背並沒有麻痺異樣。這種痛感和麻痺感在晚上睡覺時會更明顯，影響睡眠質量。嚴重者，手指及手腕的活動能力下降，甚至手掌魚際肌萎縮。

「網球肘」也是常見的手部都市痛症，學名為肱骨外上髁炎，是肘關節外側肌腱發炎導致的疼痛，患者多數為OL、家庭主婦、清潔工人及地盤工人，發病原因有很多，例如前臂力量或柔韌性不足、不正確地運用手腕和肘關節等。因勞損而出現的「網球肘」是慢性痛症，以OL為例，慣性「吊手」打字，加上坐姿不佳，令手肘不能平放，手肘長時間重複用力，出現慢性發炎，以至勞損；另一常見例子就是家庭主婦，切菜、抱小朋友及餵哺母乳等重複動作較多，容易出現勞損。而另一個出現「網球肘」的原因是患者坐姿不佳、有寒背問題等，使其頸背肌肉、關節收緊，出現頸椎發炎，壓到神經線，頸椎疼痛伸延至前臂。

由於骨膜及肌肉發炎，患處通常會感到發熱、腫脹和疼痛，是一種慢性勞損所致的痛症。患者的手指、手腕或手臂用力時，前臂肌肉感到痛楚，患處外部腫脹。如果沒有適當的治療，疼痛病症會持續惡化，也限制了手肘的活動能力，加速退化的情況，甚至休息的時候也會感到痛楚。嚴重者，發炎的軟組織擠壓到附近的神經線，或導致附近的肌肉萎縮。

護手第一式 按摩八邪穴

1 預備一支有角筷子。

2 把筷子放於手指間並夾緊，然後轉動筷子按八邪穴。

3 每指間的八邪穴均按至少三十次。

溫馨提示：雙手塗上潤膚乳液或按摩油可避免皮膚破損。

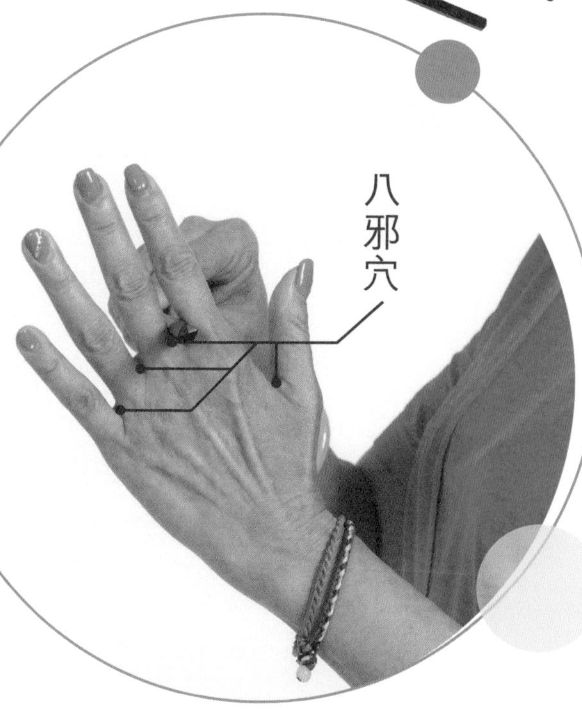

護手第二式　十宣穴

❶ 十宣穴的位置在十隻手指的指尖，距離指甲邊緣約有一毫米。

❷ 先用拇指按壓十指的十宣穴，一按一收，按壓時必感到痛，每隻約按二十次。

❸ 然後放鬆雙手，手指形成爪狀，兩手手指頭互相對撞，刺激十宣穴，大約三分鐘；用以激活微循環，刺激心臟。

護手第三式

天使手

1 挺腰坐在椅子上，張開雙腿，攤開左手手掌至極，然後把手掌放在兩腿之間。

2 指尖指向左面，整個手掌及指尖必須緊貼椅子上。此時手臂與手掌成九十度。

3 接著右手手掌從左手手臂與身體之間的空位穿過，以身體的重量壓在左手手背上，緊貼左手手腕，保持二十秒。

4 然後轉換右手重複上述動作。左右手為一組，每組四次。

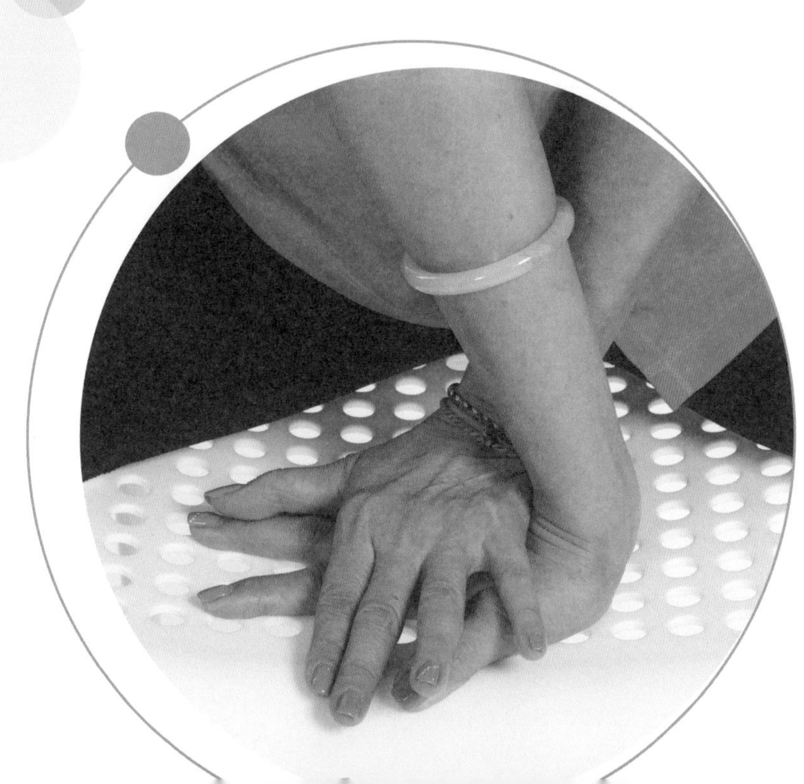

護手第四式 天使手進階版

1. 當練習「天使手」至手腕開始放鬆時，可以嘗試進階版。

2. 跟「天使手」的動作一樣，不過左右手同時練習：攤開兩手手掌至極，整個手掌及指尖必須緊貼椅子上，指尖左右指向外面，此時手臂與手掌成九十度。

3. 以身體的重量壓下，保持三十秒，共做四次。

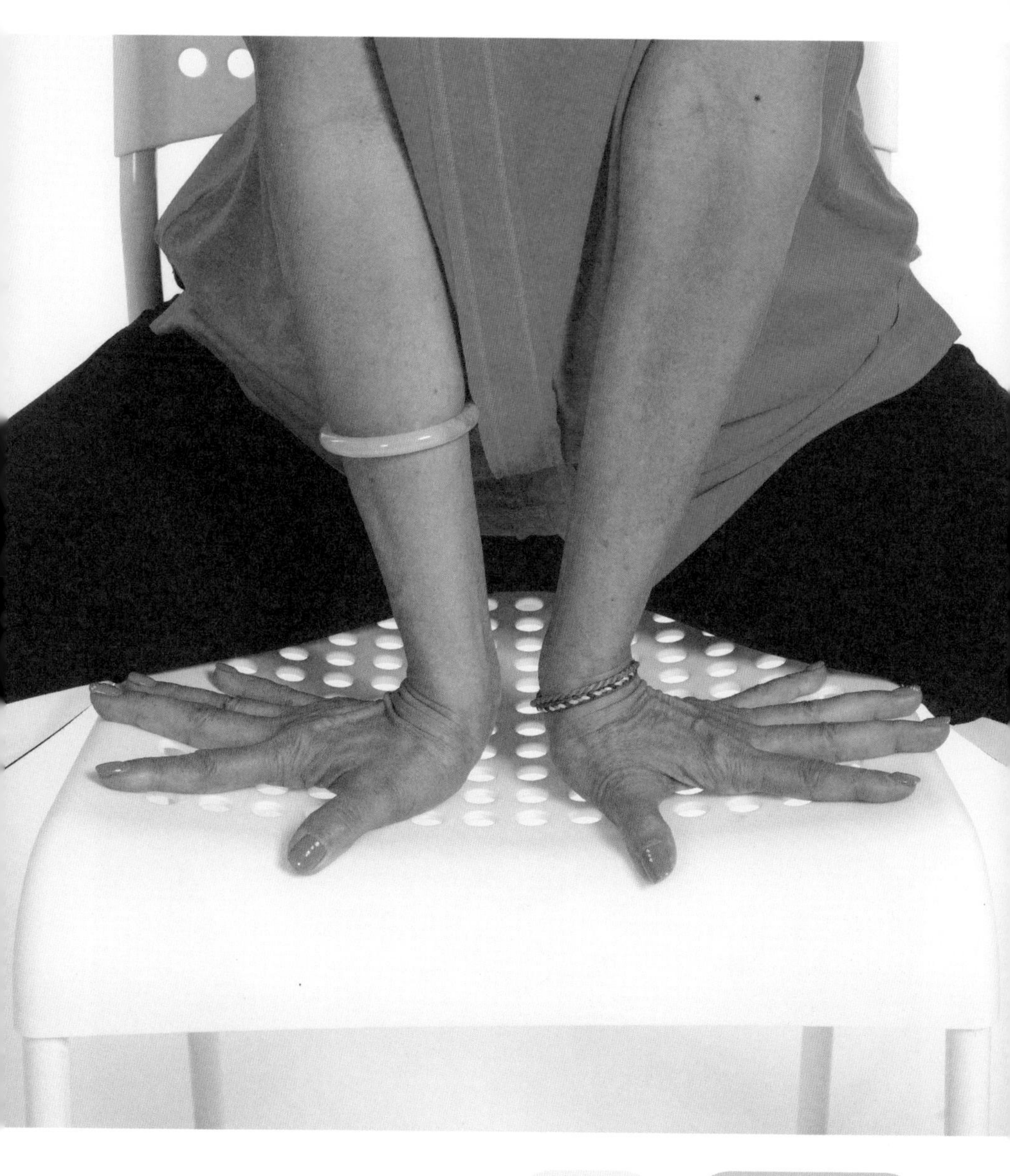

護手第五式 天使手終極版

❶ 感到手腕放鬆時方嘗試終極版。

❷ 同樣是「天使手進階版」的動作一樣，不過左右手指尖指向身體，手腕向外，整個手掌及指尖必須緊貼椅子上，此時手臂與手掌成九十度。

❸ 以身體的重量壓下，保持二十秒，共做四次。

注意：緊記練習「天使手」時應量力而為，避免傷及手腕。如手腕剛剛拉傷或進行手術，應停止練習，直至康復後，並獲得醫生同意方可重新練習。

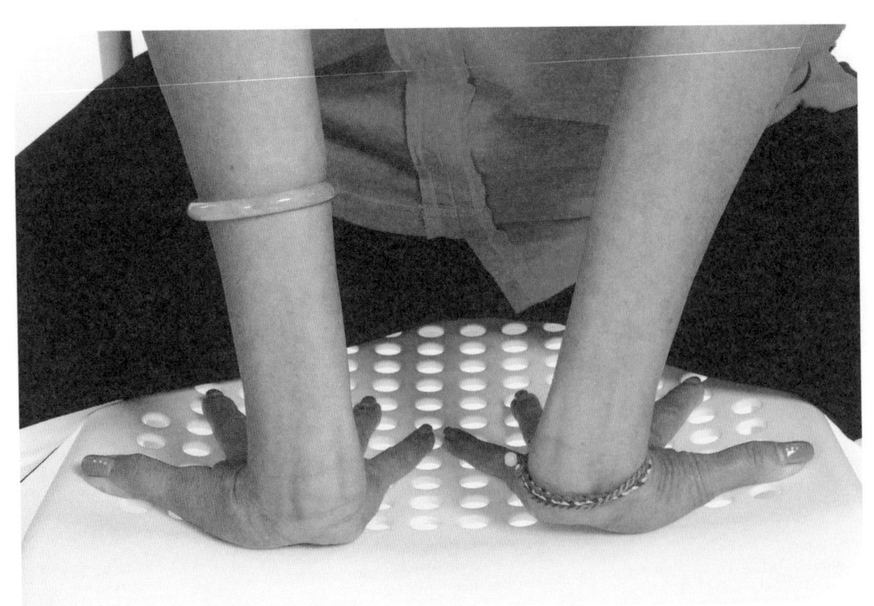

小貼士

電腦和手機已變成不可或缺的日常生活用品，要完全不使用比較困難，要避免使用電子產品而導致的病痛，除了減少使用之外，還可以做一些預防措施：

❶ 留意使用電腦時的姿勢

當使用電腦時，留意姿勢是否正確：上臂垂直、手肘九十度曲及手盡量貼腰側，減少手腕筋腱過度勞損。

❷ 冷熱敷

當發現腕管有紅腫熱痛，可能是急性發炎期，可用冰敷手腕患處。待數日後急性期已過，便以熱敷加促血液循環，每日敷二至三次，每次十五分鐘。

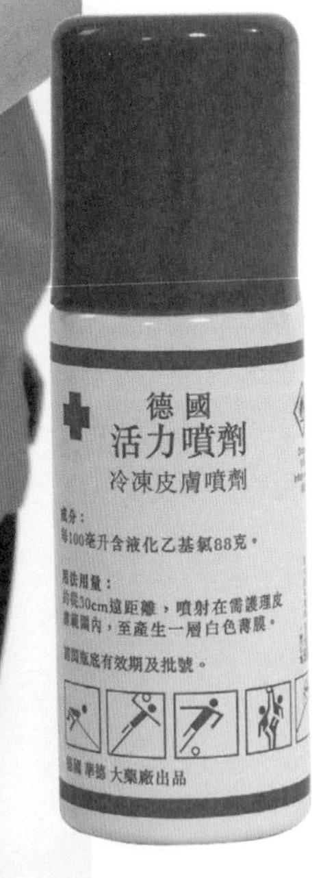

多角形木珠

穴位按摩

有關手部的穴位，可以從以下三條經絡入手：手陽明大腸經的肘髎、手五里、肩髃、巨骨、下廉、上廉，可疏筋活絡、行氣散瘀、疏風、利關節。

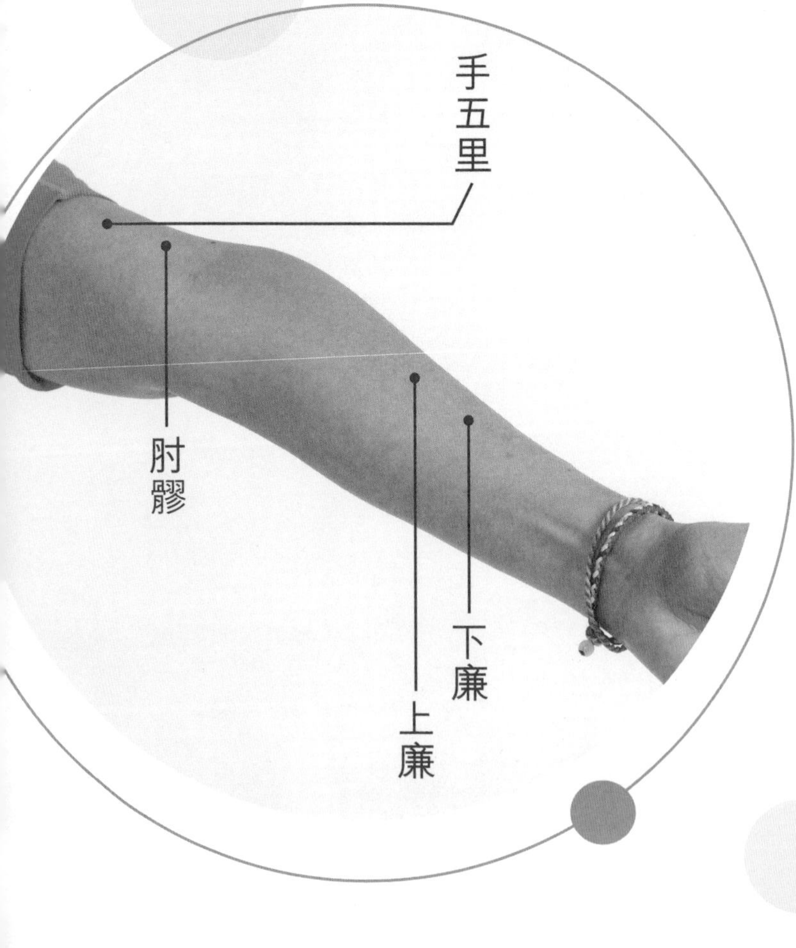

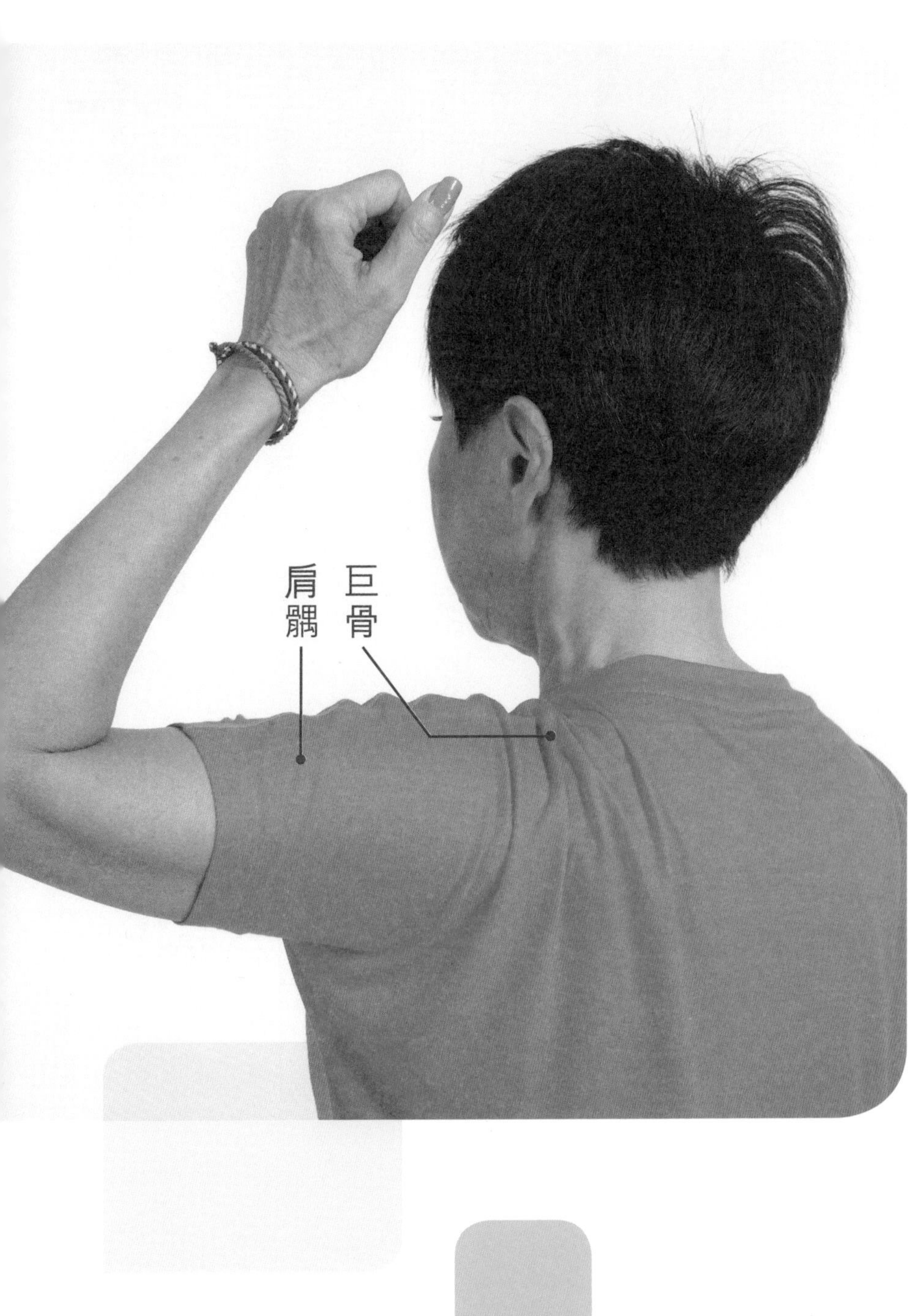
肩髃
巨骨

而手太陽小腸經的前谷、後溪、腕骨、陽谷、養老、小海都有舒筋活絡的作用。或按摩整條手太陽小腸經，以木珠的角由右手手肘中間開始，從外側並由上而下，直線推至尾指位置。由於手肘、手腕和手指位置的肌肉較薄，所以可以輕力一點，其他穴位可用一點力按下去。

最後還有手少陽三焦經的中渚、陽池和支溝，按摩這幾個穴位都可以舒筋通絡。同樣中渚和陽池都貼近骨頭的位置，所以按摩時可按照個人所能承受的力度而施壓。

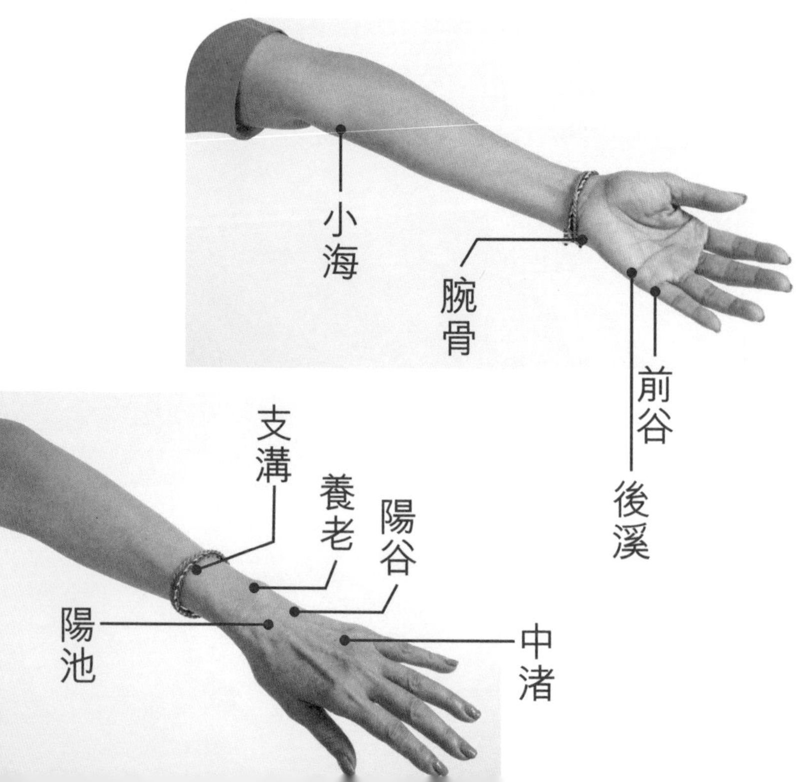

學員分享 

首先好感恩遇見Mona老師，令到身體健康有改善。

自小到大身體較虛弱的我，好像藥煲，是醫生的常客，而中醫都説氣虛血弱，所以好容易患上傷風感冒等病。而十多年前開始練習瑜伽，但發現很容易受傷，健康上也有沒有甚麼進展。

自從兩年前，從表姐口中得知阿姨跟Mona老師練功不錯的，既可以跟著YouTube短片在家練習，又可以親身跟著上堂，而且是免費的，阿姨還視老師為偶像呢。好奇心的驅使下，到YouTube上把第一集至廿六集看完，之後便走到沙田跟老師練習養生健絡功。從中發現輕鬆又簡單的動作都可以很有效，身體不經不覺地慢慢好轉了不少，現在可以交成績表給老師了。

以前從來不會出汗的我，現在才知甚麼叫汗流浹背。自小體重只得雙位數字，現在保持體重有10X磅了。以前經常便秘，最高記錄一星期才上廁所一次。自從練功後，慢慢由練功當日後的第二天就一定有得去，直至現在日日排毒，仲會每日一至兩次。以前月事期間會有腰痛，但現在腰痛慢慢全失了。

另外，在二〇一二年患上的媽媽手，花了兩年多時間才康復。後來因為過度勞損，於二〇一八年再次復發，一邊擔心何時才痊癒，一邊忍著痛楚來練通手經絡及腕管的式子，最後手的經絡暢通，大約九個月後神奇地康復了。

引用老師常常説：每日騰空半小時做運動，如同入儲蓄一樣，令身體儲備多點健康。這世上沒有不勞而獲，只要堅持運動，必定有成果的，繼續為身體健康加油！

學員Shirley

學員分享 2

大約在二〇一八年三月開始，左邊肩膊間中感到隱隱作痛，當時沒有多關注，接著兩個月後，肩膊的痛楚加劇，手臂、手肘也開始感到疼痛，稍稍拿些略有重量的物件，或做某些姿勢，例如手肘向外開等，更會如蝕骨般痛，舉手最多只能至肩膊的高度。最後還是去看醫生，被診斷為肩周炎，也就即是五十肩。

隨著每星期一至二次看脊醫，接受正骨、按摩、針灸及脈衝衝突等治療，但都沒有好過來。直至到八月時，認識了老師的養生健絡功，便報名上課學習。在短短兩個多月內的學習便已有顯著的成效，左手可以舉至高過左耳，肩膊及手肘的痛楚有明顯減弱。至今可說是已復原了九成，左手可舉至貼近耳朵，手肘已經再沒有痛，肩膊只是有時候做些扭擰動作感到酸痛。

相信繼續修習養生健絡功能有助痊癒！很感恩老師的貢獻及教導。

學員 Stanley

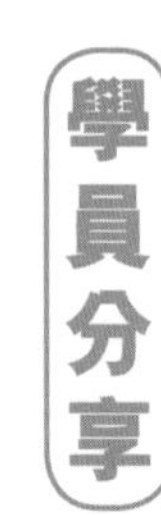

學員分享 3

其實已患有五十肩十幾年，其實許多人也有這個問題的。手部經常痛楚，雖然有看過醫生及做過針灸，但由於工作上需要，經常使用電腦，令到手部不能得以放鬆，持續感到痛楚。

一年多之前跟Mona老師學習養生健絡功，持續每日勤力練習，現在手部的痛楚終於有所舒緩，尤其做了「派報紙」這個動作，學習過後三個星期感到有明顯改善，現在我的手可以翻到後面做「牛角式」，五十肩已約有九成痊癒。

而最近幾個月，左邊太陽穴出現青筋，每當出差，一到飛機降落時，因為氣壓問題而感到左邊十分頭痛，嚴重得以為需要入院，所以馬上重新練習舌頭操，大約一星期後，青筋都消失了，真是有點神奇！

學員廖先生

學員分享

我在二〇一八年五月曾因上瑜珈做某一式子而導致髖關節發炎，不但行路痛楚難耐，提腳穿褲子也有困難，看醫生吃藥及做物理治療一段長時間，雖然有減輕病情，但始終在大腿後側與臀部周圍不時仍有疼痛，站立不久腰腿已感到有觸電的不適。另外，因多年埋頭對電腦及看文件，自己的肩頸膊已長期勞損以至脖子經常僵硬酸痛。

我有幸得契嫂的介紹認識 Mona 老師的「養生健絡功」，並成功報名到田灣明愛中心上堂學習。到現在每星期兩堂，轉瞬間已差不多一年了。

其間得到老師不厭其煩的教導、糾正及提點，我感覺到自己整體上的肌肉骨骼均得以改善，血氣得以流暢，尤其我一直困擾多年在左邊手臂、左臀部肌肉以及左大腿不時的酸痛均得以紓解回復自在。身體筋絡亦得以放鬆，抵抗力及睡眠質素也大有進步。

在多項式子中，我覺得「掟報紙」、「火車捐山窿」及「舌頭操」對我最有幫助，感覺到老師所說的「意到、氣到、血到」。有時我不夠時間做全套功法，但只要早晚做了上述那三招已感覺非常良好。

我萬分感恩，可以做Mona 老師的學生，上課除了學到輕鬆又能強身健體的運動，更得到她每次以愛心灌輸的精神「正能量」，讓我總是帶着「開心、自在、平安」輕鬆的心情離開課堂。她絕對是一位絕世好老師。

學員陸西琳

膝蓋篇

"人老腳先衰，足部健康可以反映一個人的健康，但生活在忙碌的都市中，腳痛問題不單單因為年老而起，如教師、廚師、售貨員及侍應等等，工作時都需要長時間站立，這類人士最容易患上各種足部的毛病，例如關節痛、靜脈曲張、抽筋等等。

關節痛是頗為常見的都市病，患者會感到冰冷，走起路來「咯咯」聲，走路時感到痛楚，甚至上樓梯時覺得軟弱無力，其實平日爬樓梯或斜路時，膝關節多承受三、四倍的壓力，令到它出現磨損的現象，用多了導致髕骨軟化或勞損。還有的是內八字及外八字腳走路，內八字走路容易使更多壓力積聚在腳外側，增加了關節的壓力，長久下來會導致腿部骨骼變形及疼痛，形成了O型腿；而外八字腳走路，令腳趾向外的角度過大，久而久之膝蓋外移，雙腿變成X字型，甚至導致膝關節疼痛，加速關節退化。

護膝第一式

夾咕嗻

❶ 挺腰收腹坐，雙腳伸直，挫頭腳，咕嗻放在兩腳大腿中間。

❷ 大腿用力地夾咕嗻，保持此動作二十秒，做五次。

護膝第二式 拉大腿

❶ 左腳單腳站穩，右膝跪在椅子邊上，把毛巾放右邊腳背。

❷ 雙手拿著毛巾兩頭，用力慢慢向上拉提，利用拉提的力量把小腿拉近大腿。

❸ 此時大腿筋會感到拉扯，保持兩分鐘，然後慢慢放鬆。左右腳各做一次為一回，共做四回。

護膝第三式 跪行法

雙膝跪在地上，以膝蓋一步步慢慢向前行走，每天大約跪行十分鐘。

護膝第四式

打鞦韆

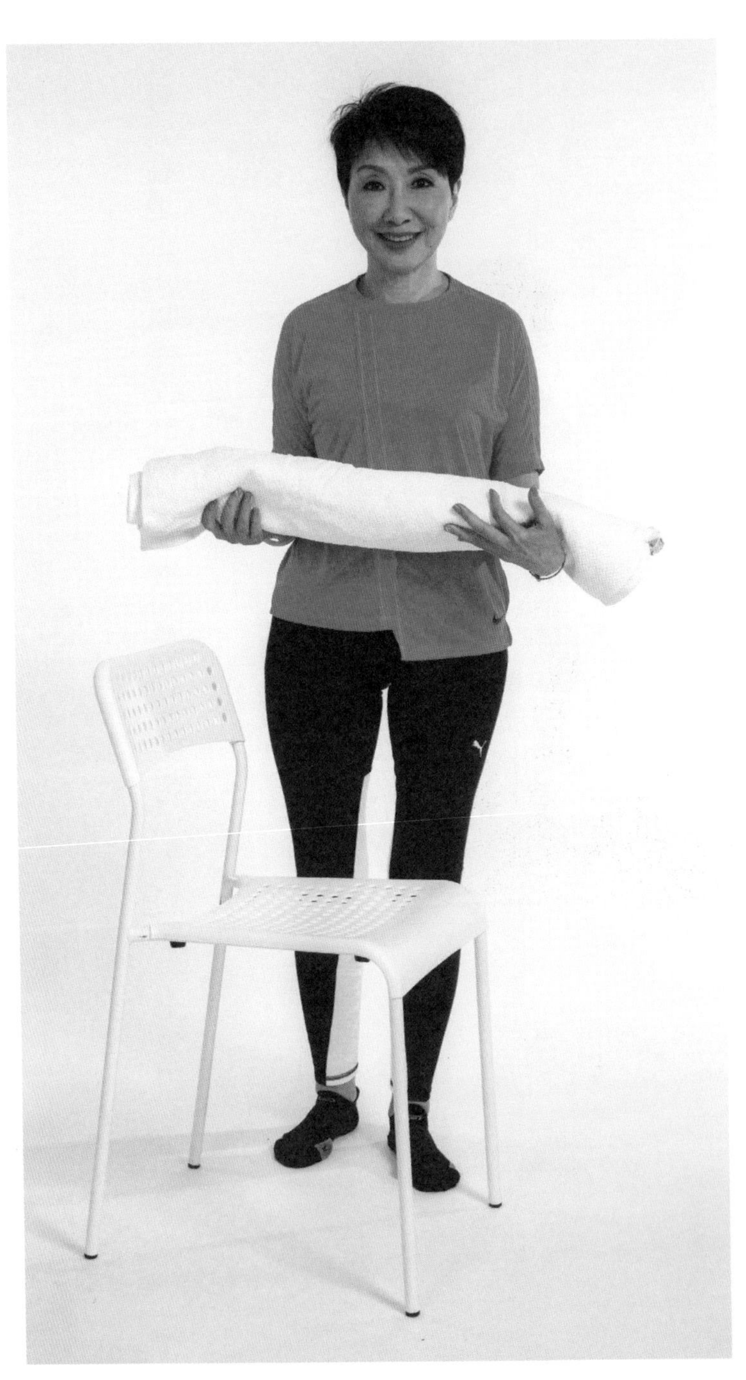

❶ 挺腰坐在椅子上，把毛巾捲成一條，放在膝下。

❷ 此時雙腳應該凌空離地，前後搖擺最少十至十五分鐘。

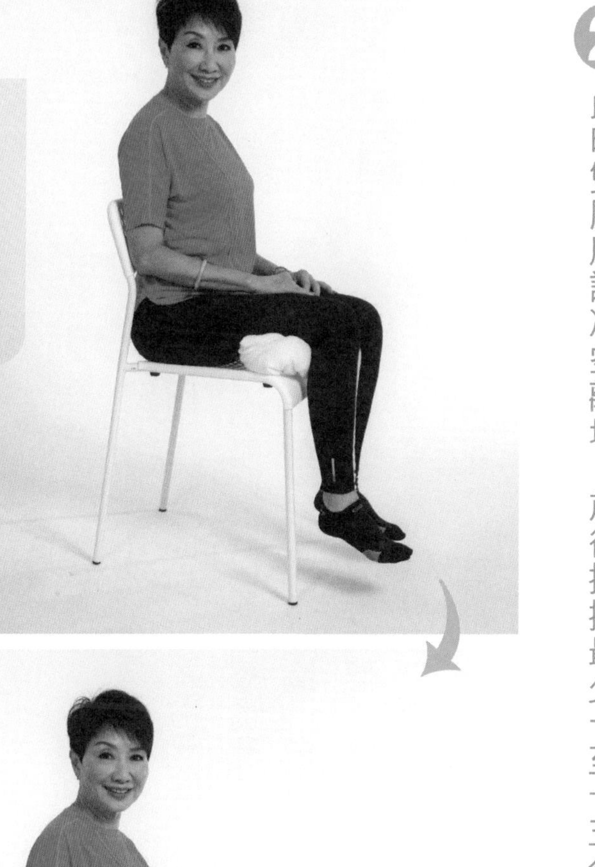

功效

關節退化，靈活度下降，做運動時也會缺乏柔軟度，更會增加肌腱撕裂和斷裂的風險。以上動作可強化膝蓋關節，把血液引到膝蓋上，再引到大腿，讓身體血氣循環暢通，體內血氣不足，腳部自然退化。同時針對水腫、走路無力、靜脈曲張、膝蓋痛、積水、骨刺等問題。

多角形木珠

穴位按摩

除了關節不靈活，有部分都市人的膝蓋可能有風濕問題，對於膝蓋的護理，可以按足厥陰肝經的膝關，還有足太陽膀胱經的浮郄、委陽和委中，都有散風濕、利關節、利腰膝和舒筋通絡的作用。這些穴位都在膝蓋的附近，肌肉較少，較易感到痛楚，所以使用多角形木珠按摩時，可按需要而控制按壓的力度。

膝關

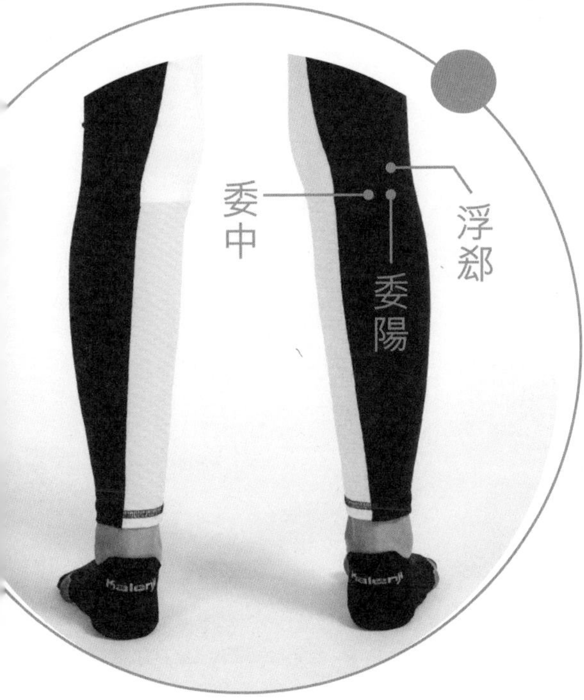

委中

委陽

浮郄

小腿篇

另一常見的都市痛症是靜脈曲張，腿部的靜脈瓣膜用作防止血液因地心吸力影響倒流，當瓣膜出現問題，血液淤積於腿部靜脈，造成堵塞，久而久之，增加皮下靜脈的壓力，靜脈血管變形，血液循環變差，形成下肢彎彎曲曲及膨脹的靜脈血管，擠壓附近的神經線。除了需要經常站立的人士，孕婦、肥胖者、長者，或需要久坐的職業如OL、銀行出納員、收銀員、職業司機等都較易患上靜脈曲張。

患者初期可能只是微絲血管擴張，並不輕易發覺，由於靜脈曲張會嚴重影響血液循環，有些人的腿部皮膚會帶水腫、痕癢和硬化變色，很多人都以為是一般的皮膚敏感和乾燥，但其實是靜脈曲張的警號。到了真的有明顯病況，如最典型小腿出現藍色的蜘蛛網紋，這可能已經是中後期。不過，有部分患者未必會出現外觀的症狀，留意小腿會否特別容易感到疲累、酸痛，甚至乎出現麻痺的感覺；晚上睡覺的時候，患者較易出現抽筋的情況。若果不盡早處理靜脈曲張，情況較嚴重的，按壓小腿的時候，出現劇痛或發熱的情況，甚至皮膚潰爛發炎。

護腿第一式——防止靜脈曲張

交差腳俯身

1. 右腳向前，左腳在後，雙腳都要平穩著地。
2. 身體向前彎，頭頸俯低，雙手向前放於地上，停留二十秒。
3. 雙腳交換做此動作。
4. 找一張高度及腰的桌子，把腳放上去，停留三十秒，左右腳輪流做，令到血液容易回流。整套式子共做四回。

注意：如果有血壓高或平衡力較弱者，避免做此運動。

護腿第二式——加速血液循環

踮腳企

1 利用有椅背的椅子輔助，雙手扶著椅背，踮腳站二十至三十秒。

2 然後慢慢放下腳跟著地，每次做六回，早午晚各一次。

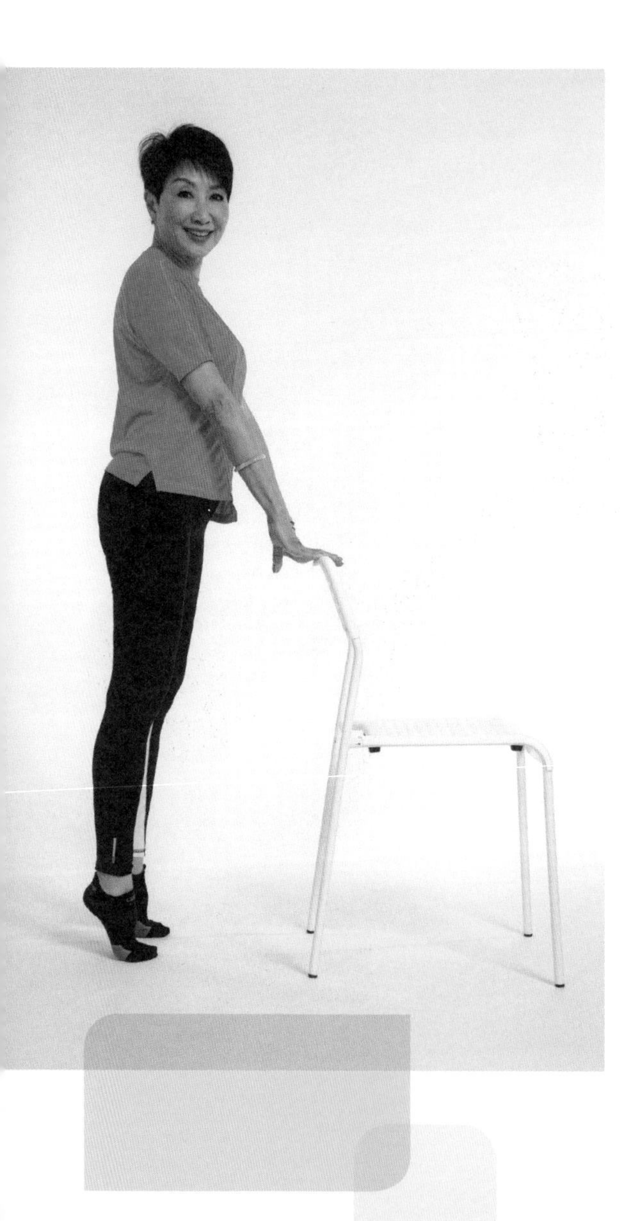

護腿第三式——加速腿部血液循環

拍拍腳

1. 坐在地上，雙腳伸直，挺腰坐。

2. 放鬆雙腳，兩腳開合互拍，必須做到左右腳趾互拍。至少拍五分鐘。

功效

以上數個式子不但令到血液容易回流，同時讓腿部筋腱得以鬆弛，所謂骨正筋柔，氣血自流，疏通筋絡，疼痛自然消除，減低患上靜脈曲張的機會。同時舒緩筋縮症狀，預防慢性疾病，防治肌肉老化及骨折。血氣循環良好讓血液可流到背部及腹部，有助減輕坐骨神經痛和膝蓋痛，以及減少泌尿系統功能失調。式子同時伸展脊柱，拉伸腿部內側韌帶，有效刺激腎上腺體，還可刺激經過內側的肝經、脾經、腎經及膀胱經。而對於女性而言，可以清理內部骨盤，及鍛鍊髖部，對男性的前列腺也有保健作用。

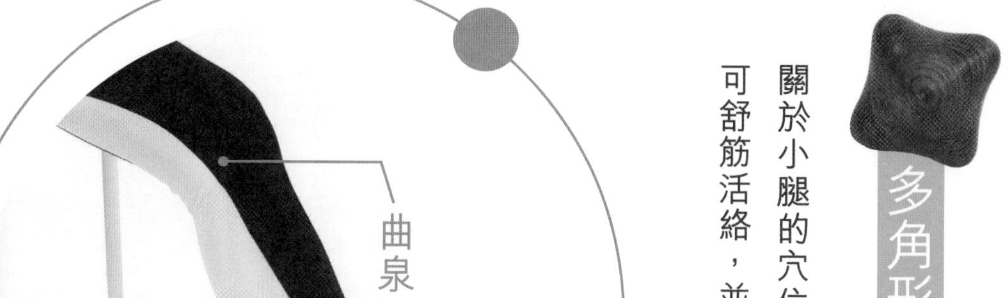

多角形木珠

穴位按摩

關於小腿的穴位，可以按摩足厥陰肝經的曲泉，還有足太陽膀胱經的殷門和飛揚，可舒筋活絡，並同時利腰腿。

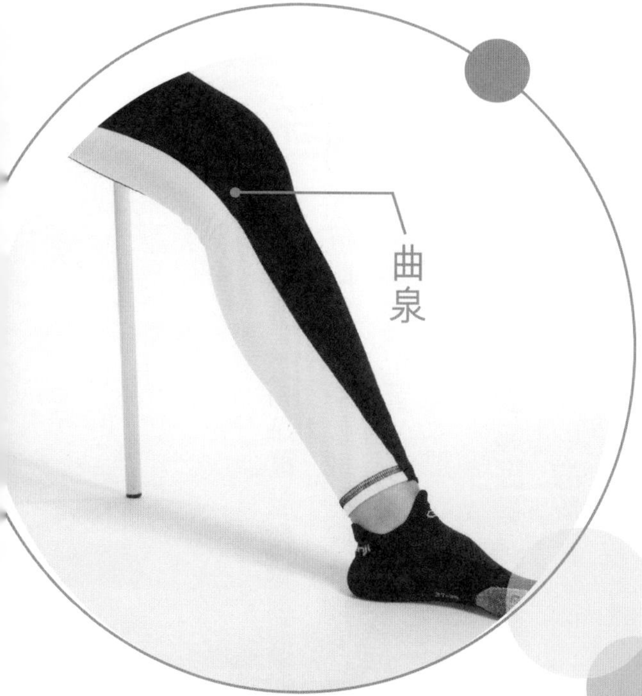

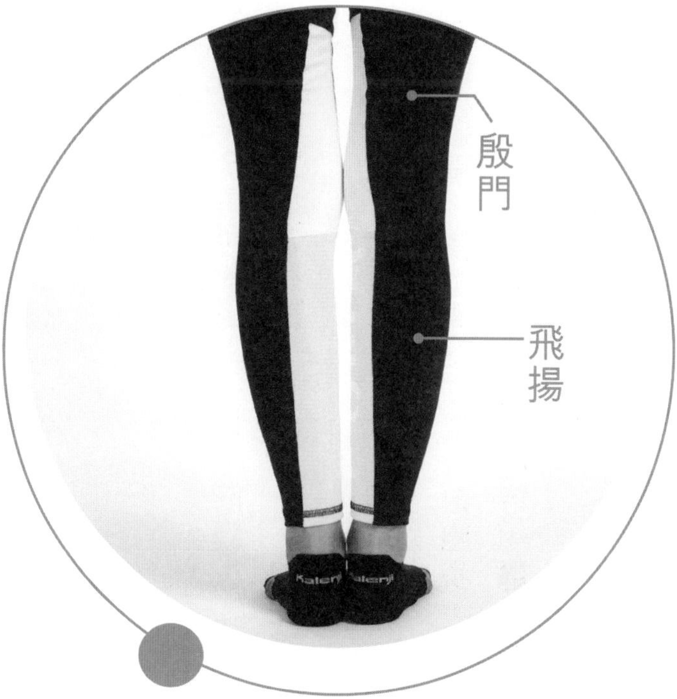

殷門

飛揚

腳底篇

有時走起路來，為甚麼會感到好像踩到了釘子？這可能患上了足底筋膜炎。足底筋膜其實是一塊腳底的網狀組織，痛楚位置通常在腳板後三分一，約在腳跟前方、近內側位置。

足底筋膜炎的常見的起因是過度勞損，例如體重過重、長時間站立或行走跑步，而腳底結構問題也是其中的原因，例如扁平足、高弓足或穿過高的高踭鞋等，導致足底筋膜不正常拉力，腳底筋膜受傷，造成急性或慢性發炎。

患有足底筋膜炎的人士，通常在落床時走第一、二步最痛，再多走幾步就會舒緩。中醫角度而言足跟痛的原因多屬肝腎陰虛、痰濕、血熱。肝主筋、腎主骨、肝腎虧虛、筋骨失養，感風寒濕邪或慢性勞損導致經絡瘀滯，氣血運行受阻，使筋骨肌失養而發病。

護足第一式

腳轉圈

1 挺胸收腹坐下，放鬆腳腕。

2 提起左腳掌，腳腕關節向內緩慢轉三百六十度，轉圈二十次，然後向外轉圈二十次。

❸ 左右各做四次。

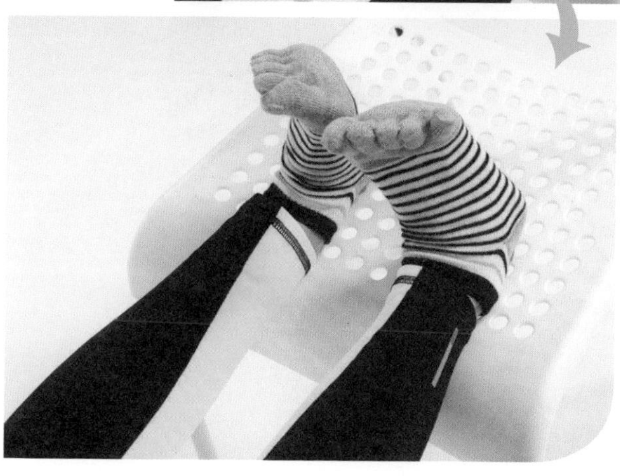

護足第二式

腳趾包剪搽

1 **包**：挺腰坐在地上，雙腳伸直，所有腳趾打開。

2 **剪**：腳趾公向前拉，其餘四趾向後拉。

3 **搽**：所有腳趾完全收起，有如手握拳頭。

腳趾包

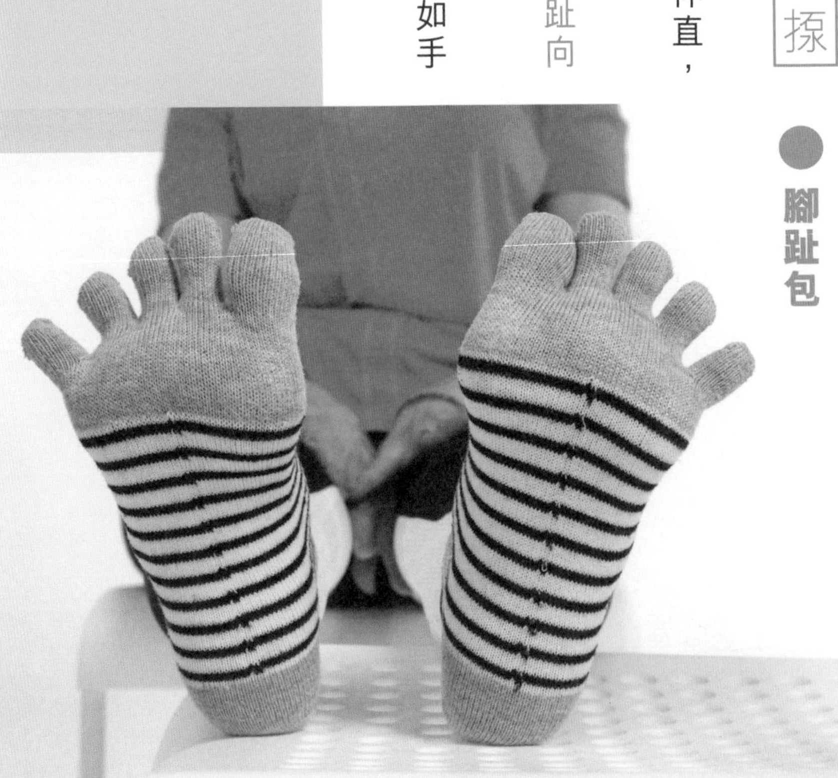

腳趾剪

包剪揼為一回，每個動作做十秒，共做四回。

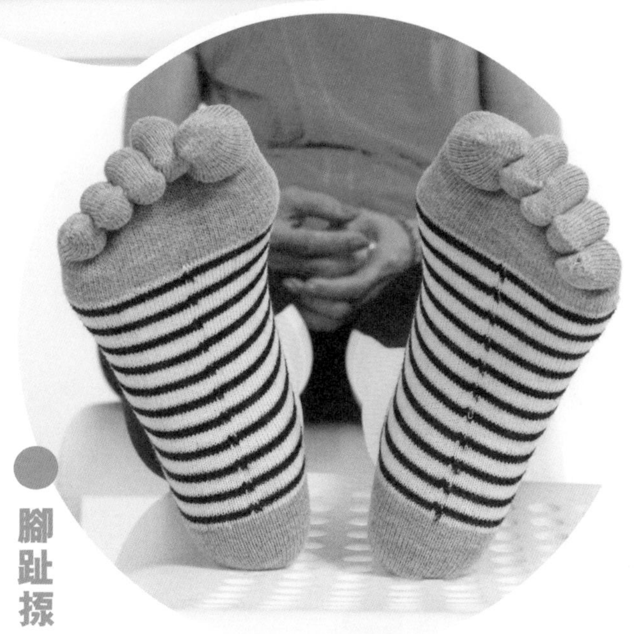

腳趾揼

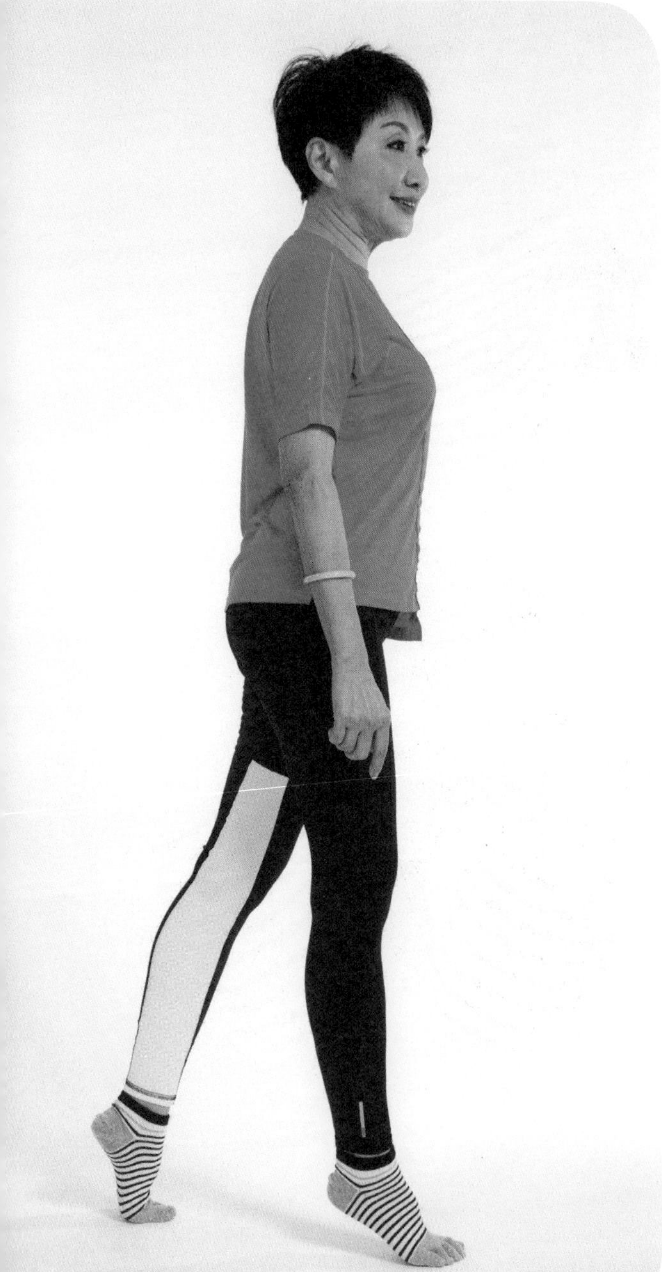

護足第三式

踮腳行

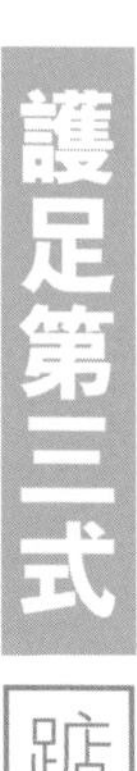

踮腳步行，鍛鍊腳底的肌肉。步行五分鐘，如有需要可多行幾次。

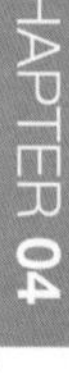

護足第四式

1. 站好弓步，前弓後箭，加上坐馬，上身必須保持挺直，不要向前傾。

2. 一隻腳在前屈曲，一隻腳在後伸直，腳跟緊貼地面，大腿內側開髖關節，小腿會感到拉扯，左右為一組，每邊三十秒，每組四次，如痛症嚴重，一日可做多次練習。

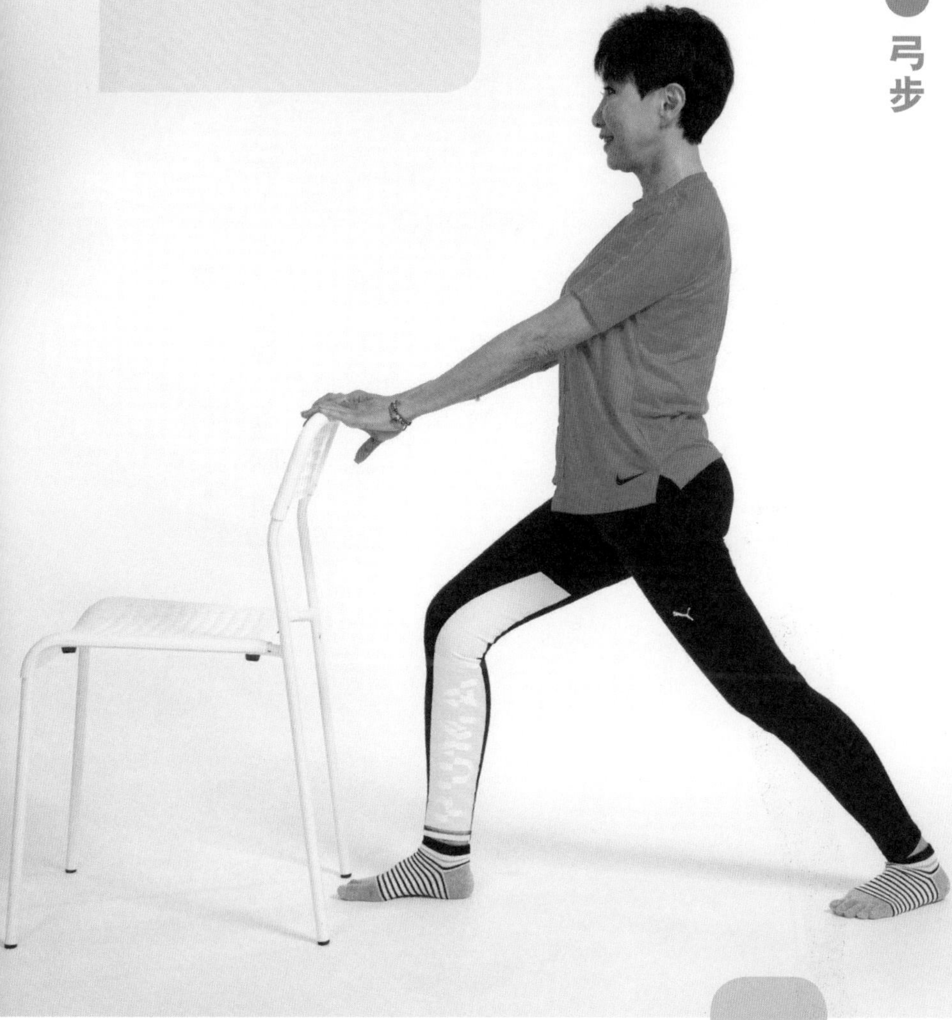

弓步

若想更精準了解有關動作，請登入「HEHA健樂教室」。

護足第五式

踮腳企

請參考第160頁——小腿篇之護腿第二式

功效

四十歲後足底筋膜或開始出現退化，故更要做強化運動加以保養，以上數個式子既可修復，同時有強化足底筋膜之效。而踮腳走路或站立是引氣下行的好方法，先把血氣引到膝蓋，慢慢再到腳底，有效加強足部及腳趾和腳踝的承受力，刺激下半身的經絡。踮腳時，小腿後部肌肉每次收縮時擠壓出的血液量，可以給心肌提供足夠的血和氧氣，有益心血管的健康。足底筋膜炎很容易復發，因為腳底血液循環較弱，修補能力因而較差，炎症的復元時間較慢，然而走路是每天的指定動作，雙腳每天承受全身的重量，炎症自然需要更長時間康復。

小貼士

白領人士在辦公室工作較少機會走動，有研究指坐得太多會容易致肥、患心血管等疾病，甚至增加死亡風險，因為長時間坐下會令身體血液循環變差，血流集中於下肢，影響提供至其他部位的血液量，增加血塊形成。即使在工餘時間會做運動，亦無法彌補平日坐得太多對身體所帶來的影響。所以建議上班族應爭取多活動的機會，例如行樓梯取代乘坐電梯。運動可能要特別花時間，對都市人來說，可能是很奢侈，運動以外，當然也有其他方法幫助改善身體血液循環：

1 泡腳

用水桶放些熱水，泡浸至近膝蓋以下，建議在浴室比較方便浸腳，當熱水變涼時，即時添加熱水。全程泡腳時間是十五至二十分鐘之內。浸完之後可搽抹一些乳霜，滋潤雙腿而不至乾燥。

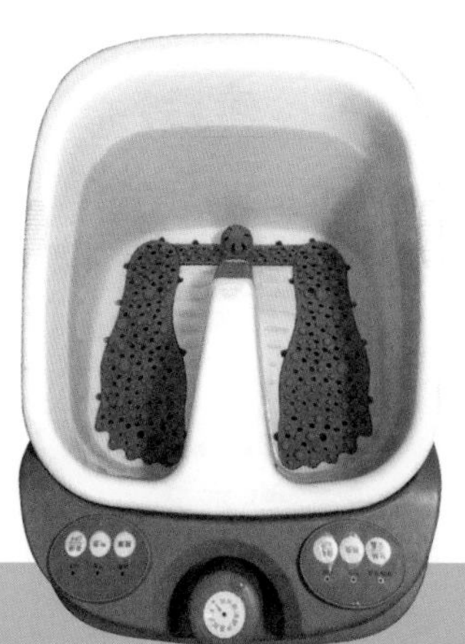

2 經常久坐的白領人士，可在工作桌下放一張矮凳，把雙腳放在上面休息放鬆，不會使血液淤積於腿部，造成堵塞，最好每小時就離開座位，避免久坐。

3 **避免坐一些較低的椅子或凳仔，因為屈膝太高，力量便集中於腰部，同時傷膝傷腰。**

4 **鞋墊**

需長時間站立人士，可配合厚墊鞋墊；肥胖人士要減重；扁平足人士多做小腿強化運動及用上適合的鞋墊；經常穿高跟鞋亦有機會令足筋膜加度用力拉扯以致發炎，微撕裂累積令發炎加劇，因此應減少穿著，反之選擇舒適的鞋履。

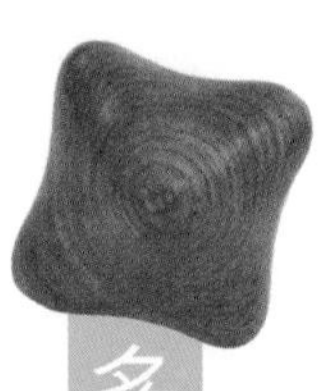

多角形木珠

穴位按摩

人體腳底是集合了身體所有器官的反射區，也就是說頭、內臟、肌肉等均與腳底有密切的關係。腳底上佈滿多個穴位，閒時利用木珠的角按壓腳底這些穴位，有保健強身作用。

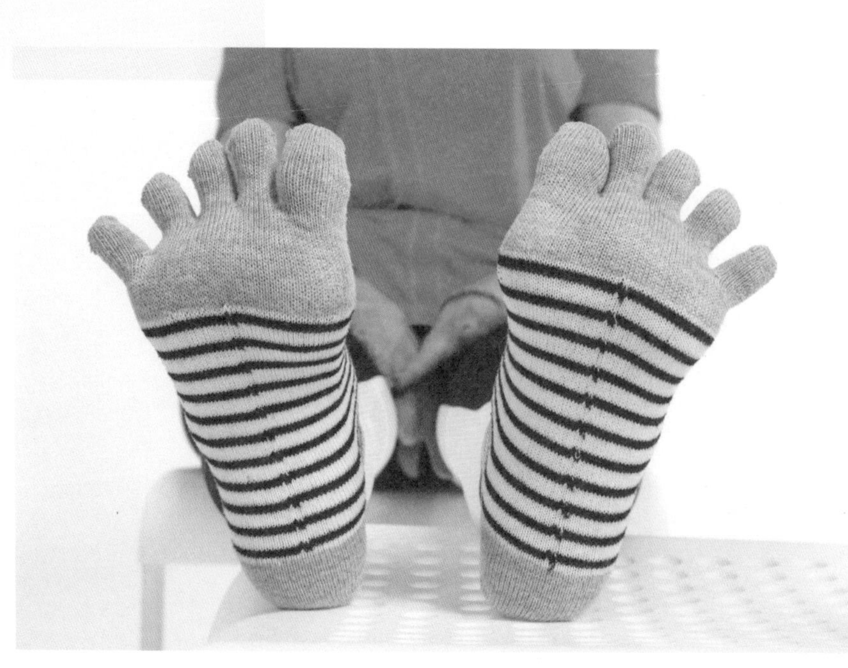

學員分享

四十多歲起，全身不同的部分都出現痛症，可說是由頭至腳也有病痛問題。首先是頭痛，病發初期，只要服用幾種普通的止痛藥就可以止痛，但一段日子後便開始需要用上特效、甚至更強效的特效藥，不過到最後都幫不上忙，之後更需要到醫院打針才能止痛。後來看過中醫，中醫說是耳水不平衡，不過就算怎樣看也看不好。

現時的工作並不需要勞動，但坐下來大約一小時後，站起來就會感到腰酸背痛，膝蓋也是一樣，有時候甚至感到無力。說到腳的問題，也是當年同時出現，那時腳掌至腳趾亦經常感到麻痺，又經常出現頸痛、瞓捩頸，以致不能安睡。加上耳水不平衡的關係，不但走不到直路，有時候整個人會不自覺地傾斜，最嚴重的一次就是因為這樣子而跌倒了，還跌斷了左手骨，足足休息了半年，當時真的感到很灰心。看過中西醫都無效，亦嘗試過針灸，不過都只可短時間舒緩痺症。另外，看過的骨醫說是筋縮血氣問題，用上拉筋床的作用也不大。

與此同時，每個月都會患上感冒，甚至有時一個月兩次。到了二〇一六年，也確診患上甲狀腺偏高，亦即是甲亢，體質十分虛弱，常常感到疲倦，中藥也補不了。直至二〇一八年尾有機會開始學習養生健絡功後，以上各種症狀全部都有改善，例如今年一月和七月之外，其他日子都再沒有患上感冒了，而感冒所引起的頭痛都減少了，不用再去打止痛針，只要看看中醫就可以控制病情；病發時間也由四至七日減少到一至兩日。身心變得舒泰，生活緊張也得以舒緩。

而腳痺的情況逐漸有所改善，現在由以前整個腳掌，變成只得腳趾有此狀況，有時候更會完全無事，晚上也可以好好的睡覺。腳無力的症狀也好得多了，特別是做提肛的式子時更會即時見效！這個式子還改善了我的尿滲問題，之前因此都不能跑和跳，現都可以做了。頸項的痛症也沒有了，有時候患上小病，好快就會好過來，不用多吃藥，近年更感到新陳代謝快了些，也可以出點汗，可說是身體整體上都好過來。

明白如果再勤力一點，日日都做養生健絡功，所有痛症可以痊癒。多謝Mona老師教導，我能在人生中遇到你，真的萬分感謝！

學員鄭麗笑

CHAPTER 05

全身痛症

”身體從頭到腳，由內至外，其實都是互相影響，每部分都不可分割。所以強身健體，並不可能只針對身體其中一部分，應該以整體而鍛鍊。「養生健絡功」式子，都是注重於身體五臟六腑的內部修復。

第一式 大爺行路加強版

1. 挺胸收腹力沉腰腿，雙腳保持向前不要跟著腰轉動，以免傷膝。

2. 由腰帶動向左扭腰，左手從後搭著右腰，右手搭著左肩膊，雙眼水平向前望，保持此動作三十秒，並自由呼吸。

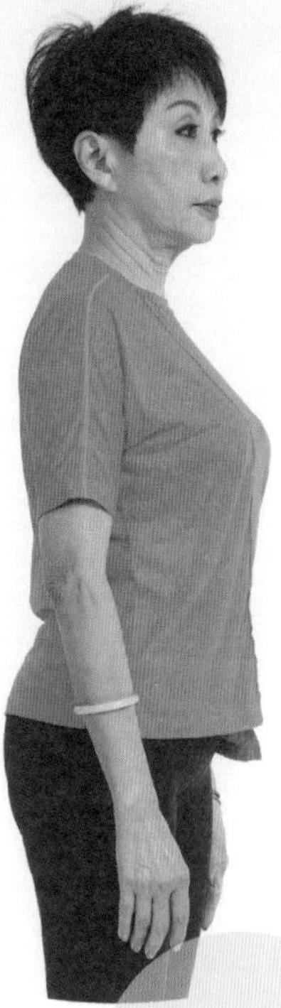

挺胸收腹

❸ 左右兩邊轉換各做一次為一回，共做四回。

❹ 建議身體虛弱者多做幾回，有助身體回復健康，因為此動作可修補腹腔內臟，包括肝、脾、腎、胰、腸和子宮，還可舒緩脊椎的坐骨神經痛。

第二式 升膊頭

❶ 挺胸收腹，兩腳平肩膊站立，放鬆膊頭，左邊膊頭向上升至盡，保持著十至二十秒，全身不要向右傾。

❷ 慢慢放下，轉換右邊膊頭做同樣動作，左右兩邊各做一次為一回，共做十回。

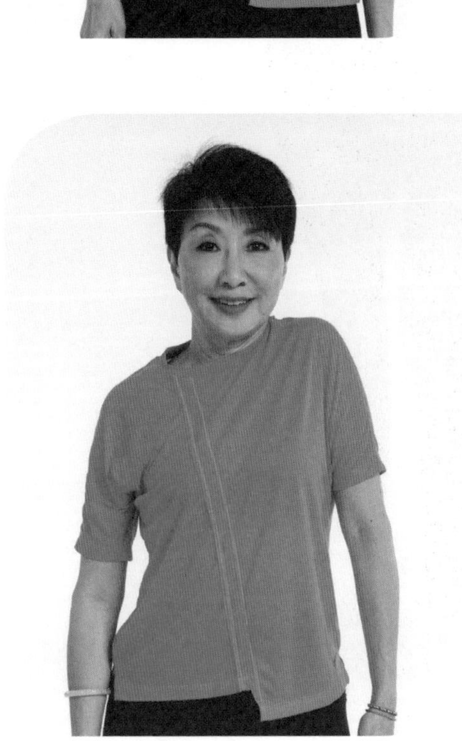

第三式 摘星

1 挺胸收腹，兩腳平肩膊站立，放鬆膊頭，雙手舉高，左手向上升，盡量舉至最高，有如要把天上的星星摘下來。左面側身有拉扯感受。

❷ 放鬆左手，轉換右手向上升做同樣動作。左右兩邊各做一次為一回，共做十回。

第四式　提肛收會陰

1 收腹，然後把會陰向上提升收緊，同時提肛，保持十秒或更久，然後慢慢放鬆。

2 做好十次或以上。可按個人能力而增加或減少時間及次數。

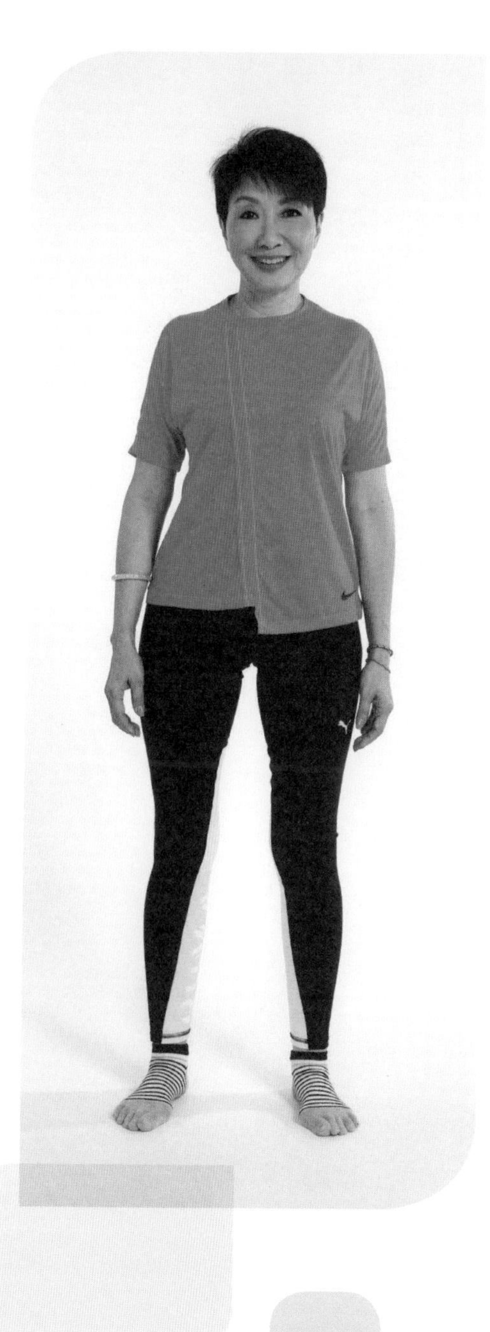

功效

人體有六條主要經絡分佈在雙腳並互相交會，當中四十多個穴位與身體五官、四肢和五臟六腑在腳上相應，因此保護足部非常重要，雙腳一定要保暖，足部感到寒冷刺激時，心臟、脾胃及肺部機能都會受到影響，雙腳血液循環暢通，對整個身體健康都有幫助。

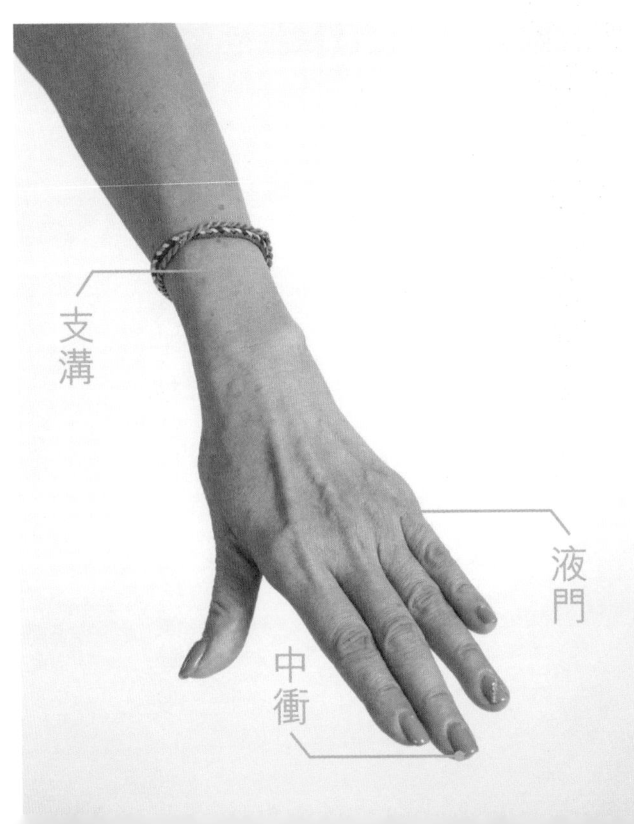

多角形木珠

穴位按摩

針對五臟六腑的穴位也不少，以整體綜合的臟腑而言，可按手少陽三焦經的液門和支溝以利三焦和調理藏腑。對於心臟健康的，可按手少陰心經的少海，以及手厥陰心包經的中衝，前者可通心竅，後則有清心之效。

手厥陰心包經

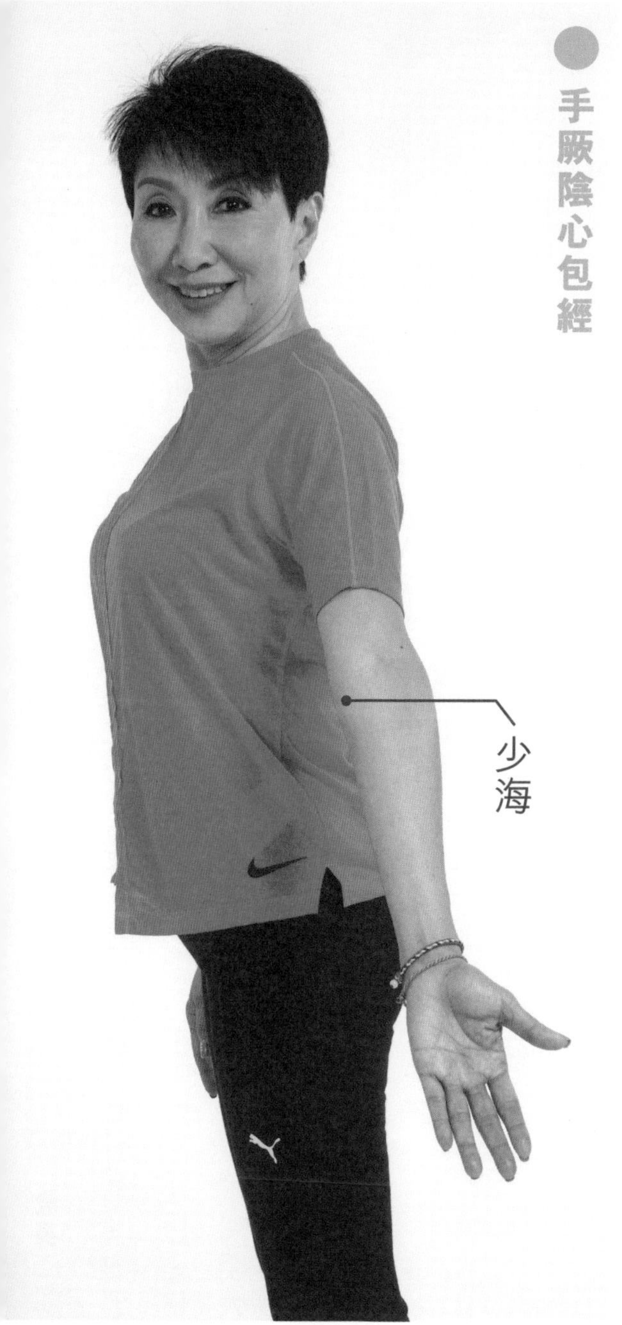

少海

在空氣污染嚴重的環境下生活，都市人的咽喉肺部都容易出現問題，大家可以按足陽明胃經的缺盆、督脈的上星，以及手太陰肺經的中府、雲門、天府、俠白、尺澤、孔最、列缺、經渠、太淵和魚際等穴位，還有手厥陰心包經的天池，手陽明大腸經的扶突和偏歷，這些穴位都可清泄肺熱、宣肺疏風、肅降肺氣、理氣潤肺。

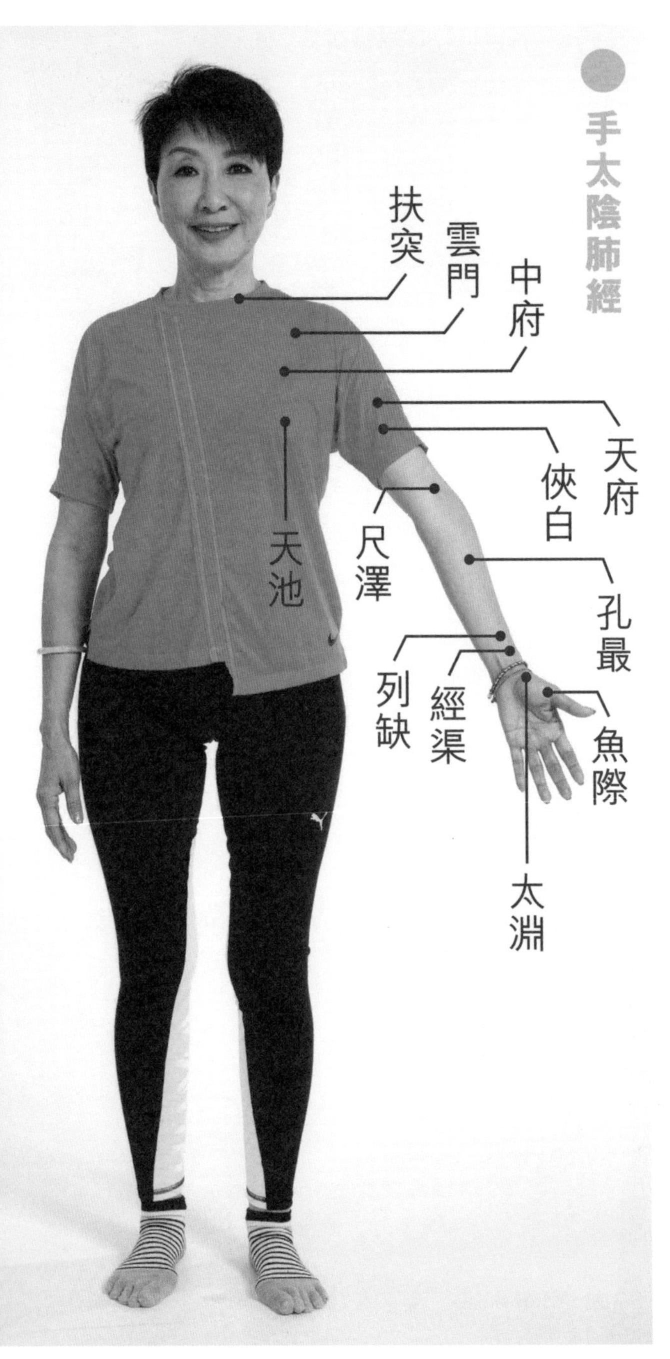

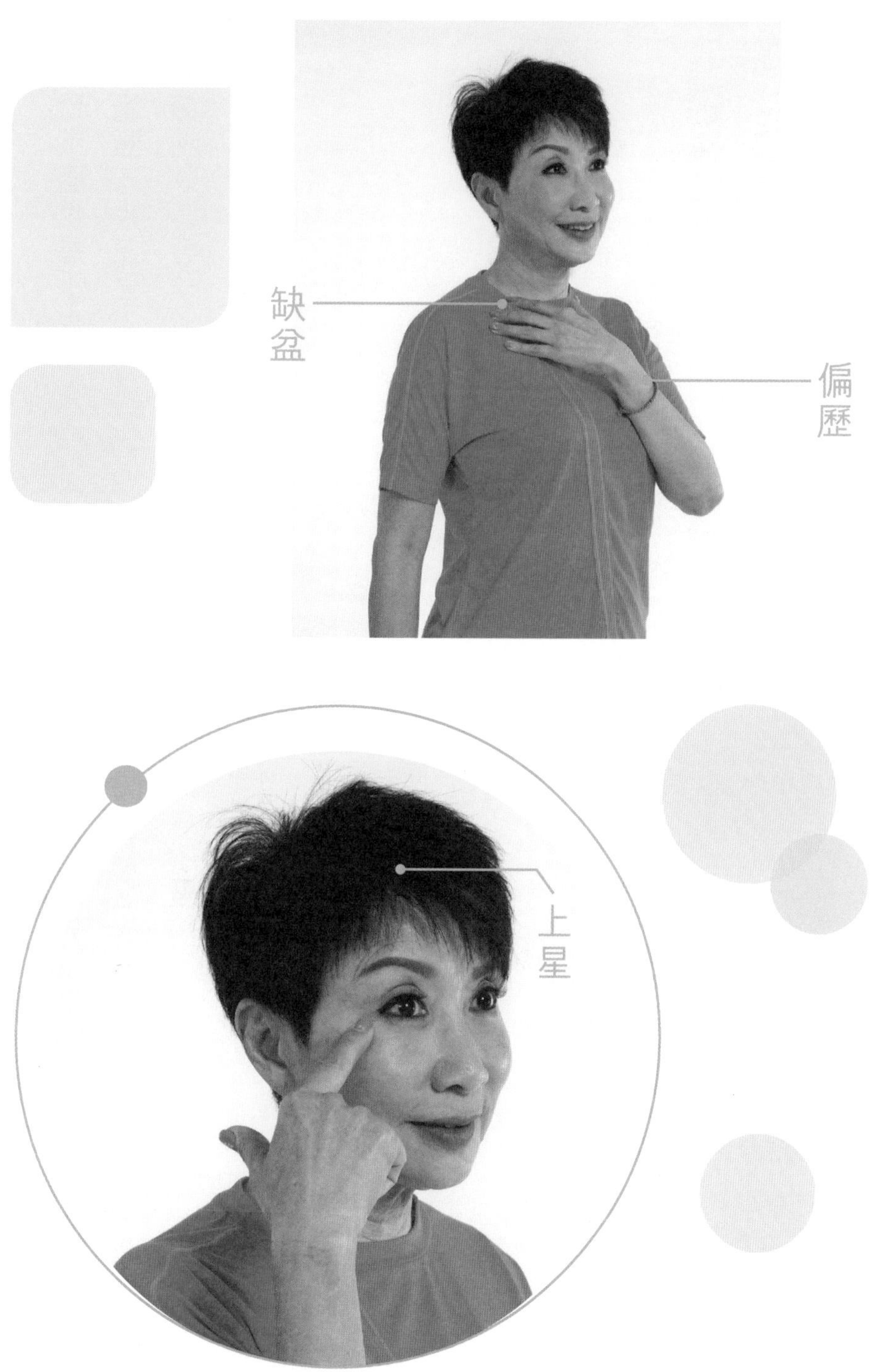
缺盆
偏歷
上星

腸胃不適也是不少都市人經常遇到的健康問題，針對腸胃部的位置同樣也很多，包括溫溜、手三里、手厥陰心包經的間使、內關、大陵、勞宮，這些穴位有調理腸胃之效。

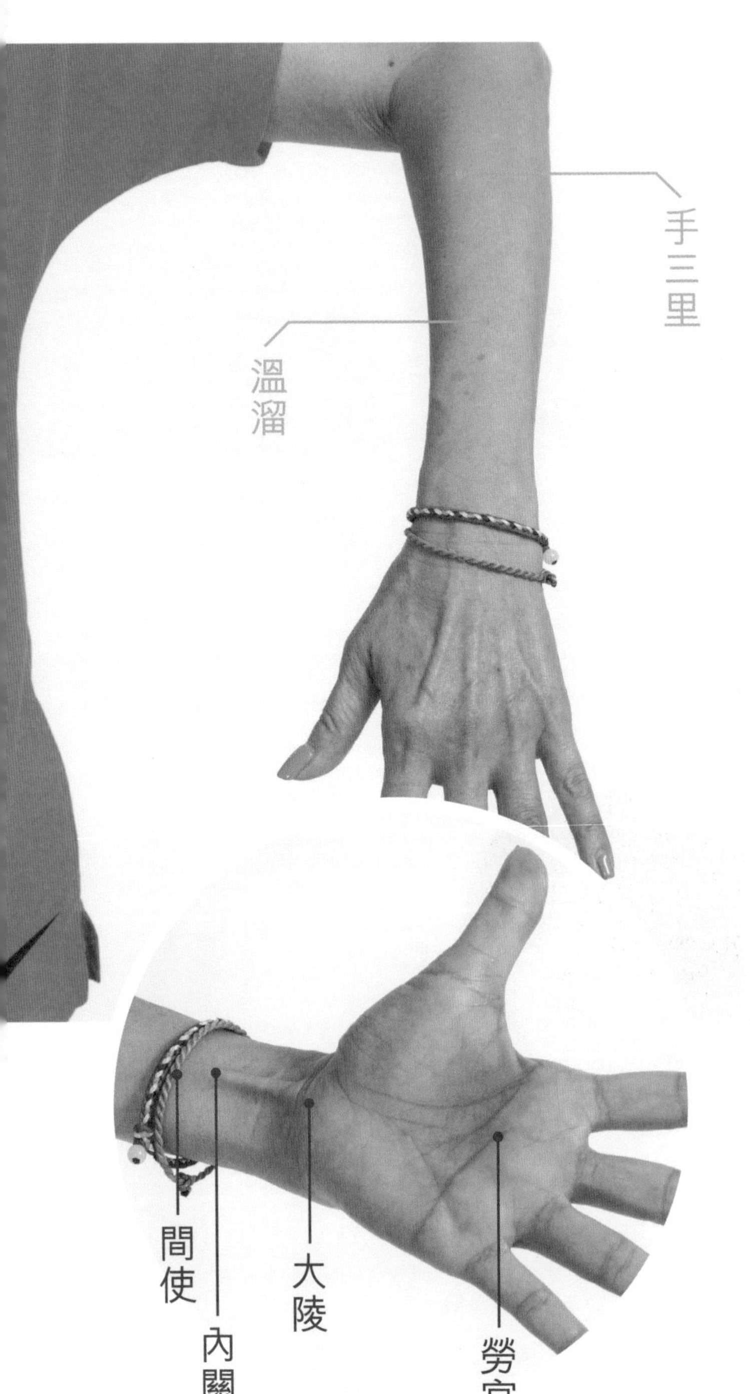

至於脾臟的護理，可以按摩足太陰脾經的大都、太白、公孫、商丘、三陰交、漏谷、地機和陰陵泉，全部都有瀉熱和中、健脾利濕和補脾胃的作用。

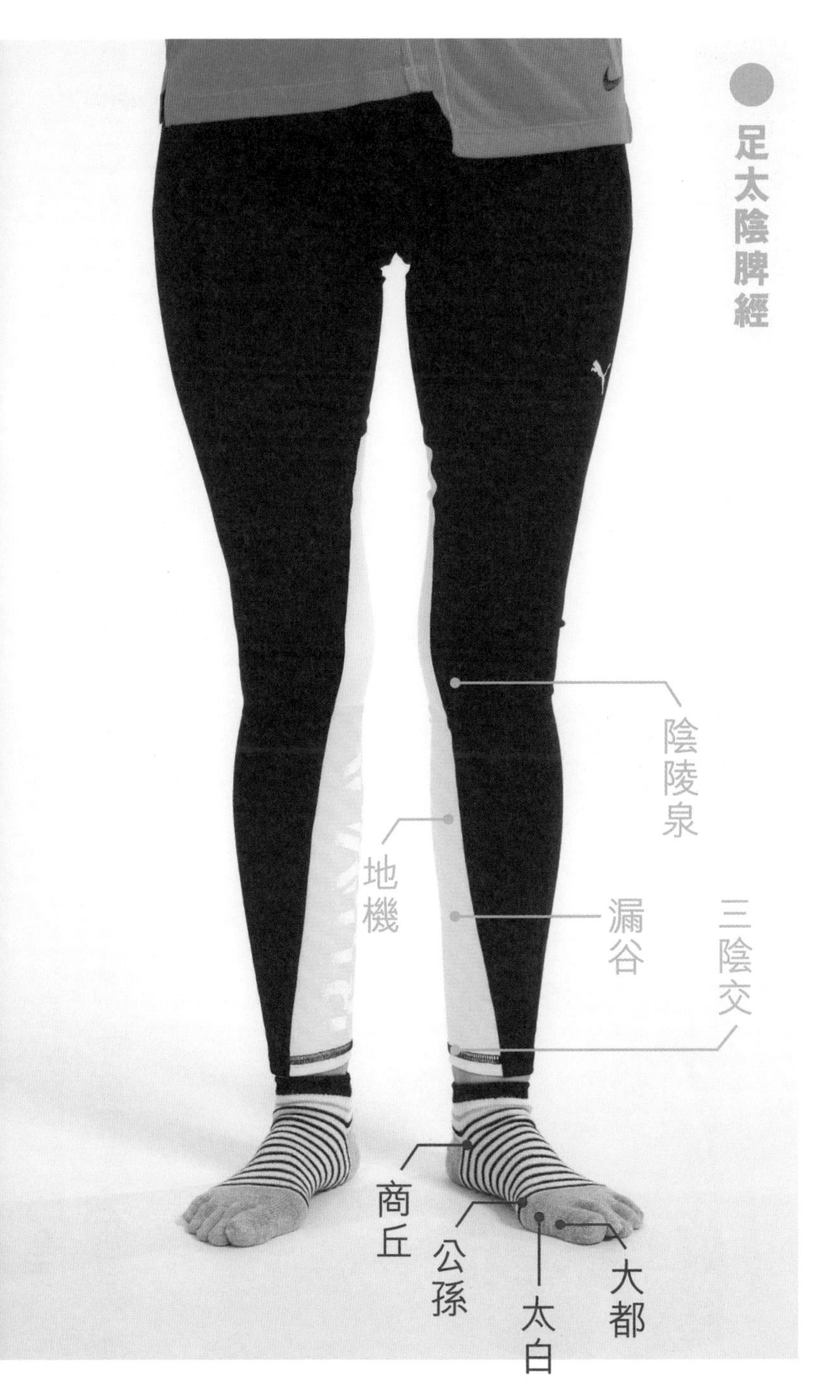

經常熬夜的人，肝臟也為較弱，想清肝、瀉肝火和疏肝調脾，可按足厥陰肝經的行間、太衝、中封、蠡溝、急脈、章門、期門等穴位。

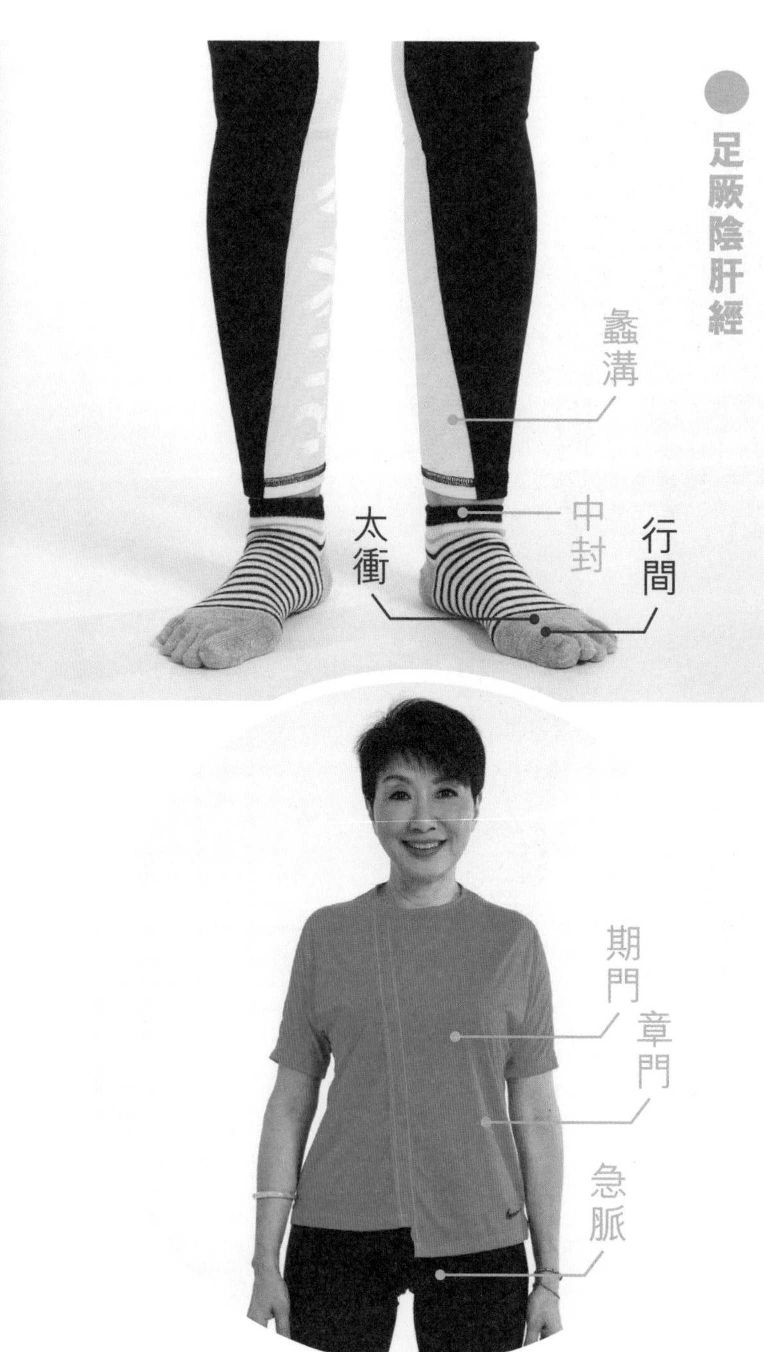

坊間經常聽到一些食療可以滋陰補腎，其實穴位按摩都有同樣作用，足少陰腎經的然谷、太溪、大鐘、水泉、照海、復溜、交信、築賓和陰谷等穴位，可益腎壯元、疏利下焦、利水，多按壓可與食療相輔相承以助調理。

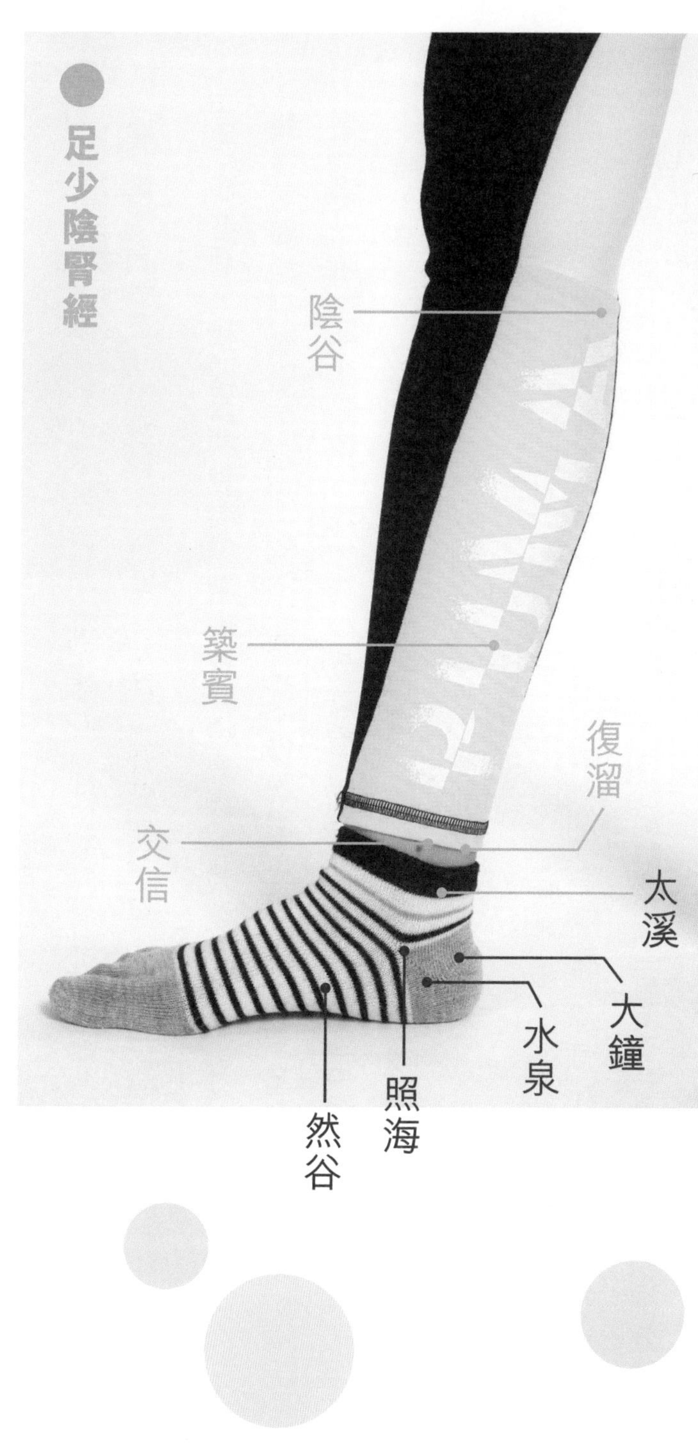

學員分享

Mona老師，我要真的衷心感激你教我這套功，我每天都跟着YouTube的你做，從我懂事開始到學識這套功之前，我差不多晚晚都睡不好，只有望天光。自從每天都做「獅子吼」三次之後，我才享受到深層睡覺的滋味，睡得很甜，每晚都睡七至八小時，真要再一次多謝老師。肩頸膊也不像以前僵硬，而做過「大鵬展翅」這個式子後，血壓每天早上已回落到120/78，以前是150/95。

而我的朋友們也跟着YouTube做各種式子，各人的身體都有好轉，Maria就是其中一位，她是個已經八十多歲的老太太，自從她做了「舌頭功」後，發覺精神好了很多，而且對認知障礙這個病也有幫助，她的記性比還沒做之前有所增強，而她吃的藥，醫生也減輕了份量；另外，以前她很容易失禁，需要時常用上護墊，現在她已經可以不用了，自己可以控制大小便；説話也比以前清楚，舌頭靈活了不少，吞嚥亦有改善。而她又做了「腳趾包剪揼」這個式子，沒練習之前每晚半夜都抽筋抽得很痛，想睡也睡不着，現在晚上睡覺時已經再沒有小腿抽筋；還有她拿刀切肉時，手也會抽筋，後來學了「掉報紙」和「天使手」兩個式子，現在可以拿起刀切肉，再沒有抽筋，她感到很開心，叫我代她多謝Mona老師你無私的教導這一班身體有毛病而醫生都無辦法醫治的我們。Mona老師你真的像一位從上天派來的活佛，多謝你Mona老師！

馬來西亞fans Kelly Tan

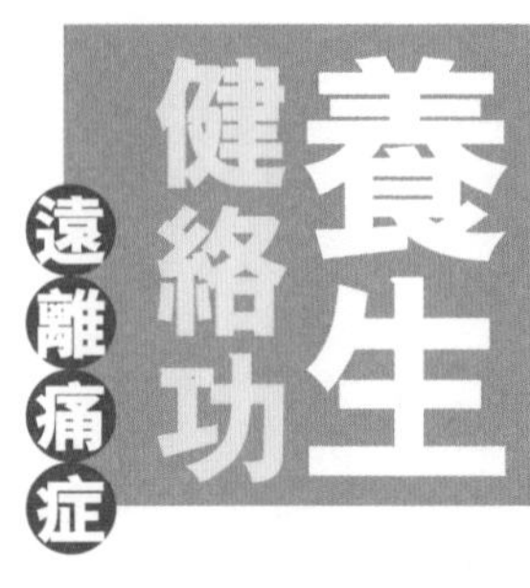

作者：Mona老師
編輯：青森文化編輯組
設計：Monie Yung（Popcorn Production）

出版：紅出版（青森文化）
地址：香港灣仔道133號卓凌中心11樓
出版計劃查詢電話：（852）2540 7517
電郵：editor@red-publish.com
網址：http://www.red-publish.com

香港總經銷：香港聯合書刊物流有限公司

出版日期：二〇一九年十一月
圖書分類：保健／養生／運動
ISBN：978-988-8664-02-3